职场菜鸟

12天 玩爆数据透视表

肖炳军　范明　马利燕　编著

清华大学出版社

北　京

内 容 简 介

本书用幽默风趣的语言，结合大量的实例，深入讲解数据透视表中看似难懂的各种概念，从初级的数据透视表工具、数据透视表选项、数据透视表的刷新、数据透视表中的排序，到中级的动态数据透视表的创建、数据透视表函数 GETPIVOTDATA 的使用、在数据透视表中执行计算项、可视化透视表切片器，再到高级部分的使用 SQL 语句导入外部数据源创建透视表、使用 Microsoft Query 创建透视表、PowerPivot 与数据透视表、数据透视图，以及最终的一页纸 Dashboard 报告呈现，都进行了详细的介绍。

本书适合想提高工作效率的办公人员，特别是经常需要整理大量数据的相关人员。

图书在版编目(CIP)数据

职场菜鸟12天玩爆数据透视表 / 肖炳军，范明，马利燕 编著. — 北京：清华大学出版社，2016
ISBN 978-7-302-44162-5

Ⅰ.①职… Ⅱ.①肖… ②范… ②马… Ⅲ.①表处理软件 Ⅳ.①TP391.13

中国版本图书馆 CIP 数据核字（2016）第 148571 号

责任编辑：袁金敏
封面设计：刘新新
责任校对：徐俊伟
责任印制：何 芊

出版发行：清华大学出版社
　　　　　网　　址：http://www.tup.com.cn，http://www.wqbook.com
　　　　　地　　址：北京清华大学学研大厦 A 座　　　　邮　　编：100084
　　　　　社 总 机：010-62770175　　　　　　　　　　邮　　购：010-62786544
　　　　　投稿与读者服务：010-62776969，c-service@tup.tsinghua.edu.cn
　　　　　质 量 反 馈：010-62772015，zhiliang@tup.tsinghua.edu.cn
印 刷 者：北京鑫丰华彩印有限公司
装 订 者：三河市溧源装订厂
经　　销：全国新华书店
开　　本：180mm×235mm　　　**印　　张：**14.75　　　**字　　数：**305 千字
版　　次：2016 年 9 月第 1 版　　**印　　次：**2016 年 9 月第 1 次印刷
印　　数：1～3500
定　　价：49.00 元

产品编号：069788-01

卷首语

易尚八卦社内：

记小岚： 姿色一般的灰太狼靠什么征服了易尚CBD众多美女？

红太狼： 数据透视表！（心里默默吐泡泡"不然还能是什么呢？"）

旁大白： 忍不住想要感慨一下时间，总感觉灰太狼才出道没多久，竟然就已经整整四年了。四年里，他在"美化透视表领域"简直就是一本真人版教科书，从一个土得掉渣的普通工薪族转变为如今魅力出挑的灰太狼，大写的励志。

就是这样一个连自己都觉得自己长相一般的小生，凭借着过硬的Excel功底和视觉审美的优势，愣是在Excel方面取得了突破性的成功，从未失手：不管是透视表、图表、水晶易表、SQL或者PPT，灰太狼在Office方面都表现得相当出彩。

记小岚： 那您的透视表出彩不？

红太狼： 那绝对是当然的！站在巨人肩膀上学习透视表，12天就妥妥的。

记小岚： 带着什么样的目的才能用12天就学会透视表？

红太狼： 高职高薪高智商。

记小岚： ……

旁大白： 且看灰太狼的私人订制"职场菜鸟12天玩爆数据透视表"。

友情提示1：工具书是枯燥的大坑，希望你有毅力学完，朋友，我为你点赞！
友情提示2：破毅力不足最好的办法就是"专注于当下"！

序

　　在如今的职场里，零售从业人员需要面对错综复杂的数据，各种各样的ERP软件，以及形形色色的报表。早在2006年我们就曾预言：未来5年将是零售行业从业人员大洗牌的5年，曾经的零售行业终端人员面对的是消费者、手写出入账目、根据个人的经验来预判市场的销售情况，售罄率、周转率、交叉比率这些词语还都只存在于财务经济学的课本里。随着大学生的价值越来越低，零售各行业开始大规模的公司化运作，越来越多的大学生涌入零售行业，造成了零售行业的入围门槛越来越高。

　　2010年以后零售行业需要的不再是单单有销售经验的人员，而是更需要具备经营、管理、数据分析、销售技巧等综合素质的人才，因此一线的导购人员也成为了大学毕业生竞争的职位。2010年，E尚网站的创建，为中国从事零售商品管理、数据分析的人员提供了交流平台。一大批从业人员通过网站进行交流和学习，提升了自己在数据分析方面的技能，提高了实际工作中的效率，在企业同辈中脱颖而出。E尚团队服务了上千家企业的员工，成就了几千人从实习生——专员——主管——经理的蜕变，也积累了一些宝贵的零售行业实战经验，收集在E尚论坛（?www.eeshang.com）。作为国内领先的以零售商品管理为基础的团队，我们期待能够为零售行业贡献更多自己的力量。随着自身的转型，从2016年起，我们开始从事行业内的专业培训及教材编写。

　　通过几年的磨练，E尚团队的第一本为零售从业者打造的职场菜鸟系列专业书籍终于出炉了。"十年磨一剑，砺得梅花香"，经过E尚团队6年间不断地对零售行业人员从业现状的搜集、整理，才有了本书，希望能满足零售从业者真正的工作需求。

　　本书主要针对和数据打交道最频繁的数据透视表，以卡通角色入门，从基础讲起，最终实现数据源动态提取及动态数据分析报表的生成。每章以一个数据透视表模块作为划分，以传统服装行业的数据为背景，每节都有需要读者掌握的的核心要点总结。学完本书可以快速掌握在实战中需要的数据分析技巧。

　　在本书的学习过程中，为更好地满足读者学习和交流的需要，我们专门建立了本书的读者交流QQ群：320520005，希望读者能够学有所用，在分享中不断提高自己。

　　E尚论坛 ? www.eeshang.com宗旨：我分享，我快乐，我们就是实干派！

　　E尚组织各行业交流群：

　　E尚职场技能提升QQ群：5610198

　　E尚电商运营交流QQ群：323260605

E尚团队　大明

2016年6月

目　录

第1天
The First Day

今天的内容说简单也不简单，说难也不难。不简单的地方是：要了解数据透视表的所有功能项以及4大区域。不难的地方是：了解即可，不要求深入认识，认真读完这本书就能明白。

Part 1　搞个数据透视表 2

课时 1–1　透视表的用途 2

课时 1–2　动手创建自己的一个透视表 4

课时 1–3　初识透视表的布局和列表框 5

课时 1–4　"分析"选项卡的主要功能小演 7

课时 1–5　"设计"选项卡的主要功能小演 10

Part 2　玩死透视表布局"四大区域" 12

课时 2–1　改变数据透视表的整体布局 12

课时 2–2　显示报表筛选字段的多个数据项 13

课时 2–3　水平并排/垂直并排显示报表筛选字段 14

课时 2–4　字段名称批量去除"求和项" 15

课时 2–5　透视字段名称默认为"求和项" 16

课时 2–6　字段合并且居中，并清除选项中多余的字段名称 18

课时 2–7　影子透视表的使用——照像机 19

第2天
The Second Day

学习数据透视表的目的是为了提高工作效率，因此，今天的内容主要从"刷新数据透视表"和"调整数据透视表格式"两方面入手，省略重复调整格式的时间来提高效率。

Part 3　动动手指头刷新透视表 22

课时 3–1　轻松更新全部数据透视表 22

课时 3-2　定时刷新引用外部数据的数据透视表 22

课时 3-3　使用VBA代码设置自动刷新 24

课时 3-4　推迟布局更新 25

课时 3-5　透视表刷新及透视结构各自为政（共享缓存） 25

课时 3-6　刷新时保持单元格的列宽和设定的格式 26

Part 4　给透视表化妆 27

课时 4-1　自动套用数据透视表样式1 27

课时 4-2　自动套用数据透视表样式2 27

课时 4-3　批量修改数据透视表中数值型数据的格式 28

课时 4-4　设置错误值的显示方式/"空白"字段的删除 28

课时 4-5　透视表与条件格式"公式" 29

课时 4-6　透视表与条件格式"数据条" 31

课时 4-7　透视表与条件格式"图标集" 32

课时 4-8　透视表与条件格式"色阶" 33

第3天
The Third Day

今天讲解"数据透视表中的排序"以及"数据透视表中的组合"，力求在提高工作效率的同时，保留一些表格中常用的操作。

Part 5　在透视表中排序和筛选 38

课时 5-1　透视表使用"手动"排序 38

课时 5-2　透视表使用"自动"排序 39

课时 5-3　透视表使用"其他"排序 40

课时 5-4　透视表使用"自定义"排序 42

课时 5-5　利用字段的下拉列表进行筛选 43

课时 5-6　利用字段的标签进行筛选 43

课时 5-7　使用值筛选进行筛选 43

课时 5-8　使用字段的搜索文本框进行筛选 44

课时 5-9　使用数据-筛选（结合透视表下拉选项） 45

Part 6　数据透视表的项目组合 47

课时 6-1　透视表组合包含的3种类型：数值、日期和文本 47

课时 6-2　手动组合透视表字段——文本值 48

课时 6-3　手动组合透视表字段——数值 49

课时 6-4　手动组合透视表字段——日期值 50
课时 6-5　选定区域不能分组的原因及处理方法 50

第4天
The Fourth Day

"动态数据透视表"是数据透视表中的重点内容，学会这部分内容，可以让数据透视表增色不少。"创建多重合并的数据透视表"以及"数据透视表函数GetPivotData"要重点掌握。

Part 7　创建动态数据透视表 54
课时 7-1　创造动态数据源透视表前先认识 OFFSET函数 54
课时 7-2　用"定义名称法"创建动态数据透视表 57
课时 7-3　使用"表功能"创建动态数据透视表 58

Part 8　创建多重合并的数据透视表 59
课时 8-1　创建单页字段的多重合并透视表 59
课时 8-2　创建自定义字段——单筛选项 61
课时 8-3　创建自定义字段——多筛选项 62
课时 8-4　对不同工作簿中的数据列表进行合并计算 63
课时 8-5　多重合并对透视表行字段的限制 65

Part 9　数据透视表函数GetPivotData 67
课时 9-1　获取数据透视表函数公式 67
课时 9-2　GetPivotData函数的语法 68
课时 9-3　用GetPivotData函数获取数据 69
课时 9-4　自动汇总动态数据透视表 70
课时 9-5　G函数与IF函数联合使用 72
课时 9-6　同时引用多个字段进行计算 73
课时 9-7　透视表函数的缩写方法 74

第5天
The Fifth Day

今天讲解如何在数据透视表中执行计算，必须结合实例来分辨其中的不同之处，当然，如果能反复练习那是最好的。

Part 10　在数据透视表中执行计算项 78
课时 10-1　计算字段方式的3种调出功能 78
课时 10-2　对同一字段使用多种汇总方式 79

课时 10-3　"总计的百分比"值显示方式 81

课时 10-4　"列/行汇总的百分比"值显示方式 81

课时 10-5　"百分比"值显示方式 82

课时 10-6　"父行/父列汇总的百分比"显示方式 84

课时 10-7　"父级汇总的百分比"数据显示方式 85

课时 10-8　"差异"值显示方式 86

课时 10-9　"差异百分比"值显示方式 86

课时 10-10　"按某一字段汇总"数据显示方式 87

课时 10-11　"按某一字段汇总的百分比"值显示方式 88

课时 10-12　"升序或降序排列"值显示方式 89

课时 10-13　"指数"值显示方式 90

课时 10-14　创建/修改/删除计算字段 90

课时 10-15　什么样的情况下可以创建计算项 92

课时 10-16　改变求解次序和显示计算项的公式 93

第6天
The Sixth Day

如要制作类似报表系统的表格，那么"切片器"是其中必不可少的一个知识点，活用"切片器"可以达到多表甚至多图的动态关联。

Part 11　可视化透视表切片器 96

课时 11-1　什么是切片器 96

课时 11-2　在透视表中插入/删除/隐藏切片器 97

课时 11-3　共享切片器实现多个透视表联动 97

课时 11-4　清除/隐藏切片器的筛选器 99

课时 11-5　多选择或是单选切片下的项目 100

课时 11-6　对切片器内的字段项进行升序和降序排列 101

课时 11-7　对切片器内的字段项进行自定义排序 101

课时 11-8　不显示从数据源删除的项目 102

课时 11-9　多列显示切片器内的字段项 103

课时 11-10　切片器自动套用格式及字体设置 104

课时 11-11　切片器中的日期组合展示（按年/季度/月/天） 105

课时 11-12　多个切片器关联数据效果（首次画个图表） 106

第7天
The Seventh Day

动态数据透视表还可以通过使用SQL导入外部数据源进行创建，为了更好地了解SQL，今天主要讲解SQL的基本语句及其效果。

Part 12　使用SQL导入外部数据源创建透视表 112

课时 12-1　小谈SQL使用方法 112

课时 12-2　导入数据源及初识SQL语法 114

课时 12-3　重新定义列表名称，初识两表合并 115

课时 12-4　提取指定或全部不重复记录信息 116

课时 12-5　单求——查最大、最小、总量、平均量，及种类计数方法 117

课时 12-6　汇总——查最大、最小、总量、平均量，及种类计数方法 119

课时 12-7　突出前3名与后3名的明细 120

课时 12-8　条件值where查询>、<、<> 121

课时 12-9　条件值where查询or、in、not in、and 122

课时 12-10　条件值where查询 between and 123

课时 12-11　条件值where查询 like 通配符使用 124

课时 12-12　修改OLE DB查询路径自动查询当前工作表的位置 126

第8天
The Eight Day

数据透视表还可以使用Microsoft Query进行创建，对于不同的数据源类型，也可以在获取外部数据时选择不同的数据源类型。

Part 13　使用Microsoft Query创建透视表 130

课时 13-1　Microsoft Query创建透视表 130

课时 13-2　Microsoft Query界面解说 133

课时 13-3　汇总两个表格数据(进与销) 135

课时 13-4　多个工作表或工作簿合并 136

课时 13-5　使用代码自动查询当前工作表的位置 138

课时 13-6　数据查询出现问题的成因及解决方案 138

Part 14　多种类型数据源创建透视表 140

课时 14-1　导入文本值创建数据透视表 140

课时 14-2　使用Access数据库创建数据透视表 142

课时 14-3　初识Power View的使用方法 143

第9天
The Nine Day

今天讲解如何使用PowerPivot画一个交互式的动态图表，这个知识点比较难，不要求一遍就学会。既然没有捷径，那么就在了解各个功能项的前提下，反复多次练习吧。

Part 15　初识Power Pivot与数据透视表..150
课时 15-1　初识Power Pivot构建框架 150
课时 15-2　创建一个Pivot数据模型并认识"开始"选项卡 151
课时 15-3　创建一个Pivot数据模型并认识"设计"选项卡 154
课时 15-4　创建一个Pivot数据模型并认识"高级"选项卡 157
课时 15-5　Pivot导入"外部数据源"创建透视表 160
课时 15-6　Pivot导入"工作表数据源"创建透视表 162
课时 15-7　创建表与表之间的关系 164
课时 15-8　创建表与表之间的"关系视图" 166
课时 15-9　修改数据源、隐藏字段、隐藏表 167
课时 15-10　初识DAX函数及处理Pivot"数据源初始化失败"问题.........169

第10天
The Ten Day

今天讲解本书的另一个重点内容"数据透视图"，对于没有学过图表的读者，学完今天的内容后，建议从一些简单的数据透视图入手。

Part 16　深入认识透视图...172
课时 16-1　插入透视图的3种方法...172
课时 16-2　透视图与透视表的关联 175
课时 16-3　数据透视图工具使用...177
课时 16-4　透视图6大区域元素认识1 178
课时 16-5　透视图6大区域元素认识2 180
课时 16-6　透视图与插入图表的区别...182
课时 16-7　刷新透视图数据源...184
课时 16-8　处理多余的图表元素...184
课时 16-9　在透视表插入迷你图...186
课时 16-10　使用切片器关联透视图（1层关联）.....................188
课时 16-11　使用切片器关联透视图（2层关联）.....................189
课时 16-12　制作一个漂亮的透视动态图.................................190

今天学习的难点是思路，理清要表达的思路后，效果呈现就相对容易一些。本书效果图中的图表只要求会套用，作图方法在这里不详细讲解。

Part 17　一页纸Dashboard报告呈现 196

课时 17-1　Dashboard 报告布局——瀑布流 196

课时 17-2　Dashboard 数据分析呈现 197

课时 17-3　画个Dashboard框架 199

课时 17-4　套用"子弹图"目标冲刺达成 200

课时 17-5　套用"圆环图"呈现销售贡献 202

课时 17-6　套用"子弹图"呈现月度冲刺达成 203

课时 17-7　"汽泡图""多层饼图""地图""组合柱图" 204

课时 17-8　动态关联及切片器组合使用分析关联 205

第12天
The Twelve Day

图表制作完成之后，千万不要忘记最后的保存以及打印设置。如果全部画完了但是没保存好，那就真后悔莫及了。

Part 18　数据透视表的保存和发布 210

课时 18-1　透视表默认选项中的保存设置 210

课时 18-2　文件另存为启用宏的工作簿 211

课时 18-3　文件另存为PDF格式 213

Part 19　数据透视表打印技术 215

课时 19/1　页面布局深入认识 215

课时 19-2　页眉和页脚的使用 216

课时 19-3　"在每一打印页上重复行标签"的应用 217

课时 19-4　为数据透视表每一分类项目分页打印 218

第1天
The First Day

今天的内容说简单也不简单，说难也不难。不简单的地方是：要了解数据透视表的所有功能项以及4大区域。不难的地方是：了解即可，不要求深入认识，认真读完这本书就能明白。

Part 1　搞个数据透视表

灰太狼Part 1提示：**认识数据透视表的用途！**

📊 课时 1-1　透视表的用途

红太狼 可以学的知识千千万，为何钟情于数据透视表？

灰太狼：先show一下作品（参见图1-1-1），你是否会觉得这是系统报表？

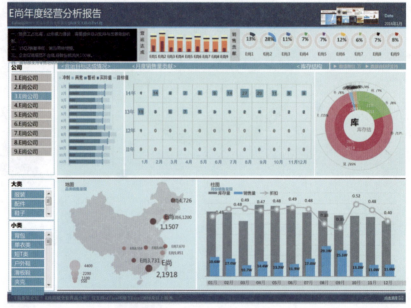

图1-1-1　透视表制作的成品
【实例文件名：第11天-Part17.xlsx/展示总表】

红太狼 这布局，这效果难道不是？

灰太狼：这效果Excel也能做到，而且功能不仅仅只是看起来很酷，交互式报表的功能项也很强大，你可以单击其中某个选项，体会一下交互式报表的优势。

红太狼 这样查看数据太方便啦，哪里不清楚点哪里就可以。

灰太狼：数据透视表还有一个很常用的功能——汇总功能。假设你有这样一份数据源（图1-1-2），你能马上汇总出各"分公司"的"实际销售金额"吗？

	A	B	C	D	E	F	G	H	I
1	分公司	日历天	大类	品类	实际销售金额	销售原价金额	销售折扣	购买件数	购买客数
2	上海	2015/1/1	配件	背包	2702	4719	0.57	21	16
3	上海	2015/2/2	配件	背包	1770	3983	0.44	17	18
4	上海	2015/3/3	配件	背包	2428	5016	0.48	24	26
5	义乌	2015/1/1	配件	背包	418	617	0.68	3	3
6	义乌	2015/2/2	配件	背包	100	597	0.17	3	3
7	北京	2015/1/1	配件	背包	5973	8864	0.67	36	37
8	北京	2015/2/2	配件	背包	8596	13306	0.65	54	54
9	北京	2015/3/3	配件	背包	4918	7469	0.66	31	32
10	北京	2015/4/4	配件	背包	2986	4442	0.67	18	19
11	北京	2015/6/5	配件	背包	1605	2749	0.58	11	11
12	北京	2015/7/6	配件	背包	2478	3487	0.71	13	13
13	北京	2015/9/7	配件	背包	1664	2569	0.65	11	12
14	北京	2015/8/8	配件	背包	2719	4043	0.67	17	17
15	北京	2015/10/9	配件	背包	3812	5617	0.68	23	23
16	北京	2015/5/10	配件	背包	2485	3845	0.65	15	14
17	南京	2015/1/1	配件	背包	4669	11456	0.41	44	46
18	南京	2015/2/2	配件	背包	3139	7690	0.41	30	32
19	南京	2015/3/3	配件	背包	3830	9284	0.41	36	35
20	南京	2015/4/4	配件	背包	1621	3666	0.44	14	18

图1-1-2　透视表汇总功能数据源的一部分

【实例文件名：第1天-Part1.xlsx/数据源】

红太狼：这个简单，一分钟，马上"筛选"→"开始"→"自动求和"（图1-1-3）。

图1-1-3　"筛选"功能项

【实例文件名：第1天-Part1.xlsx/数据源】

灰太狼：是很快，但用数据透视表可以更快，3步秒杀。

　　第1步："插入"→"数据透视表"（图1-1-4）。

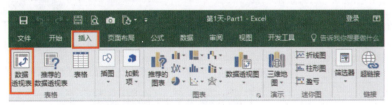

图1-1-4　插入"数据透视表"

【实例文件名：第1天-Part1.xlsx/数据源】

　　第2步：将字段名"分公司"放至"行"区域（图1-1-5）。

　　第3步：将字段名"实际销售金额"放至"值"区域。

图1-1-5 "数据透视表字段"列表框&汇总结果

【实例文件名：第1天-Part1.xlsx/课时1-1】

红太狼：是很方便，以后每个月汇总使用平底锅的次数会更省时。

灰太狼：学以致用是好，用在刀刃上更好。

课时 1-2 动手创建自己的一个透视表

红太狼：既然数据透视表用起来这么方便，是不是任何一份数据源都可以创建数据透视表？

灰太狼：当然不是。首先，首行不能含有空单元格，比如图1-2-1这样一份数据源表，当你"插入"→"数据透视表"，就会出现错误提示。

其次，首行不能含有合并单元格（图1-2-2）。因为合并单元格就相当于第一个单元格有值，后面的单元格都为空，使用这样的数据源同样会出现如图1-2-1所示的错误提示。

	A	B	C	D	E	F	G	H	I
1	分公司	日历天	大类	品类		销售原价金额	销售折扣	购买件数	购买客数
2	上海	2015/1/1	配件	背包	2702	4719	0.57	21	16
3	上海	2015/2/2	配件	背包	1770	3983	0.44	17	18
4	上海	2015/3/3	配件	背包	2428	5016	0.48	24	26
5	义乌	2015/1/1	配件	背包	418	617	0.68	3	3
6	义乌	2015/2/2	配件	背包	100	597	0.17	3	3
7	北京	2015/1/1	配件	背包	5973	8864	0.67	36	37
8	北京	2015/2/2	配件	背包	8596	13306	0.65	54	54
9	北京	2015/3/3	配件	背包	4918	7469	0.66	31	32
10	北京	2015/4/4	配件	背包	2986	4442	0.67	18	19

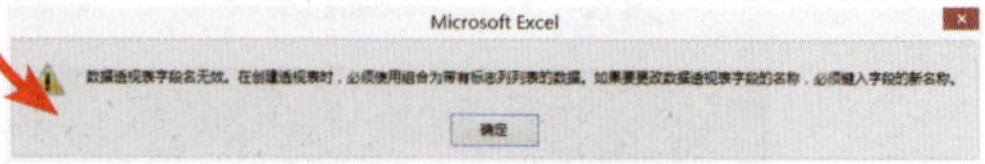

Microsoft Excel

数据透视表字段名无效。在创建透视表时，必须使用组合为带有标记列的列表的数据。如果要更改数据透视表字段的名称，必须键入字段的新名称。

确定

图1-2-1 首行含空单元格时插入透视表的提示

【实例文件名：第1天-Part1.xlsx/课时1-2】

	K	L	M	N	O	P	Q	R	S
1	分公司	日历天	大类	品类		销售原价金额	销售折扣	购买件数	购买客数
2	上海	2015/1/1	配件	背包	2702	4719	0.57	21	16
3	上海	2015/2/2	配件	背包	1770	3983	0.44	17	18
4	上海	2015/3/3	配件	背包	2428	5016	0.48	24	26
5	义乌	2015/1/1	配件	背包	418	617	0.68	3	3
6	义乌	2015/2/2	配件	背包	100	597	0.17	3	3

图1-2-2 首行含合并单元格的错误数据源格式

【实例文件名：第1天-Part1.xlsx/课时1-2】

如首行之外的区域出现合并单元格，则不影响创建数据透视表，但是会影响汇总功能的使用。

红太狼　那如果首行很长，如何快速地查找到空单元格呢？

灰太狼：使用"定位"功能就可以解决。

选中首行，按F5键→"定位条件"→"空值"→"确定"（图1-2-3）。这时就会选中所有的空单元格，可以对这些单元格进行填充颜色、输入标记的文字（输入文字需要同时按住Ctrl+Enter键才能一次填充所有空单元格）等操作。

图1-2-3　功能键F5操作对话框

红太狼　新技能get，我自己动手创建一个数据透视表去！

课时 1-3　初识透视表的布局和列表框

红太狼　我插入了数据透视表，却找不到数据透视表字段列表框，怎么办？

灰太狼：首先，插入数据透视表后，要用鼠标选中如图1-3-1中所示A3:C20区域内的任意单元格。

如果还是没出现数据透视表字段列表框，那么选中数据透视表→右键→"显示字段列表"（图1-3-2）。

图1-3-1　透视表区域

图1-3-2　在透视表区域使用鼠标右键调出字段列表框

5

注：这里"右键"表示单击鼠标右键弹出快捷菜单，下同。

还可以选中数据透视表→"数据透视表工具"→"分析"→"显示"→"字段列表"（图1-3-3）来调出。

图1-3-3　从"数据透视表工具"中调出字段列表

红太狼　数据透视表字段列表是出来啦，我怎么不能把字段名拖进左侧数据区域？

灰太狼：我们使用的是2016版本，如果要直接拖动右侧的字段名到左侧的数据透视表区域，需要先做如图1-3-4所示的操作。选中数据透视表→右键→"数据透视表选项"→"显示"→选择"经典数据透视表布局（启用网格中的字段拖放）"。

图1-3-4　从数据透视表选项中启用经典数据透视表布局

红太狼　数据透视表字段列表框里有段文字"在以下区域间拖动字段"，能直接拖动？

灰太狼：可以的，熟悉数据透视表字段列表框后就可以根据需求随意拖动。透视表字段列表框由"字段名称"、"筛选"区域、"行"区域、"列"区域、"值"区域组成。

● 字段名称：即数据源首行的单元格内容，选中的字段名称前面的选择框里会打勾。

● "筛选"区域：可以筛选部分内容以在"行"区域、"列"区域、"值"区域内展示。

● "行"区域：可以将任意字段名称放入此区域。

● "列"区域：可以将任意字段名称放入此区域。

● "值"区域：数值计算区域。

"行"区域和"列"区域的字段名称可以互换位置。

红太狼　数据透视表字段列表框的布局你的和我的怎么不一样？

灰太狼：数据透视表字段列表框的右侧有个向下的三角形，有5种布局可选（图1-3-5）。

- 字段节和区域节层叠；
- 字段节和区域节并排；
- 仅字段节；
- 仅2×2区域节；
- 仅1×4区域节。

红太狼　原来如此，很简单的样子！

图1-3-5　数据透视表
字段列表框布局选项

🖥 课时 1-4　"分析"选项卡的主要功能小演

红太狼　讲解一下"数据透视表工具"的"分析"选项卡的功能吧，好多不理解。

灰太狼：首先，"分析"选项卡由9类功能组成（图1-4-1）。

图1-4-1　数据透视表工具之"分析"选项卡

1. "数据透视表"包含"数据透视表名称"和"选项"。

- "数据透视表名称"项可以在3个地方找到。

第1个："数据透视表工具"→"分析"→"数据透视表名称"。

第2个："插入"→"数据透视表"，之后在透视表的数据区域中（图1-4-2）。

第3个：在数据透视表区域，右键→"数据透视表选项"（图1-4-3）。

图1-4-2　"数据透视表名称"位置2

图1-4-3　"数据透视表名称"位置3

7

"数据透视表名称"的作用是方便VBA等调用对应的数据透视表。

● "选项"下拉框中有3项。

第1项"选项"，其功能和右键→"数据透视表选项"的一样。

第2项是"显示报表筛选页"。在数据透视表布局有筛选项的情况下，单击此选项，可以根据筛选项的内容快速拆分出筛选项，达到图1-4-4所示的效果。如选择多个筛选项，则未被选择的字段不会被拆分出来。

图1-4-4　显示报表筛选页
【实例文件名：第1天-Part1.xlsx/课时1-4】

第3项是"生成GetPivotData"。启用此功能时，调用数据透视表数据的公式会自动使用GetPivotData函数；不启用此功能时，调用数据透视表数据的公式会自动调用单元格（图1-4-5）。

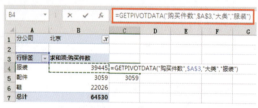

图1-4-5　启用/不启用"生成GetPivotData"功能
【实例文件名：第1天-Part1.xlsx/北京】

2. "活动字段"包含"字段设置""展开字段"和"折叠字段"3项。

● "字段设置"功能等同于选中当前活动字段名→右键→"字段设置"的功能。

● "展开字段"和"折叠字段"用于对字段进行操作。例如选中"日历天"字段名→"折叠字段"，就可以折叠当前字段明细（图1-4-6），"展开字段"则相反（右键→"展开/折叠"也有此功能）。

图1-4-6　折叠字段
【实例文件名：第1天-Part1.xlsx/南京】

3．"分组"包含"组选择""取消组合"和"组字段"项。常用的组合字段是时间，可以进行年、季度、月等的组合（图1-4-7）。

4．"筛选"包含"插入切片器""插入日程表"和"筛选器连接"项。

- 使用"插入切片器"有助于制作交互式报表，将折叠的筛选字段展开可达到筛选的目的（图1-4-8）。

- "插入日程表"的功能和"组合"的效果很类似，都可以根据年、季度、月等进行汇总（图1-4-9）。

图1-4-7　组合字段

图1-4-8　插入切片器

【实例文件名：第1天-Part1.xlsx/上海】

图1-4-9　插入日程表

【实例文件名：第1天-Part1.xlsx/上海】

5．"数据"包含"刷新"和"更改数据源"项。

- 刷新：在有数据源内容变动的情况下使用，可以刷新当前透视表，也可以刷新所有透视表。

- 更改数据源：在数据源区域变大的时候使用，此时重新选择数据源区域即可（图1-4-10）。当数据源区域变小的时候可以只刷新透视表而不更改数据源区域。

图1-4-10　更改数据透视表数据源

6. "操作"包含"清除""选择"和"移动数据透视表"项。

● "清除"下拉框中的"全部清除"可以删除放入数据透视表中的所有内容；"清

除筛选"可以将所有筛选的字段都恢复到全部选中的状态。

● "选择"下拉框（图1-4-11）中的"启用选定内容"选项在启用时，单击数据透视表中的一个汇总行时会选中所有汇总行，不启用时则只选中当前的单元格；选择"整个数据透视表"时，在透视表区域较大的情况下便于选中整个数据透视表。

图1-4-11　"选择"下拉框

● "移动数据透视表"功能用于移动数据透视表，只需重新选择位置即可（图1-4-12）。

图1-4-12　"移动数据透视表"对话框

7. "计算"包含"字段、项目和集""OLAP工具"和"关系"项。最常用的是"字段、项目和集"项，主要用于透视表内的各种运算。

8. "工具"包含"数据透视图"和"推荐的数据透视表"项。

● 数据透视图：根据调整好的数据透视表布局，直接单击以插入，选择对应的图表类型即可。有15种图表类型可以选择，对图表做适当美化就行。

● 推荐的数据透视表：Excel自带的布局格式。学会了如何拖动字段来创建数据透视表后，可以自由调整所需要的格式，Excel自带的格式可作为参考。

9. "显示"包含"字段列表""按钮"和"字段标题"项。

● 字段列表：可用于选择显示和隐藏字段，在调整数据透视表布局的时候需要调用。

● 按钮：出现在"行"字段的字段名前面，用于折叠和展开数据透视表字段。

● 字段标题：可用于显示和隐藏"行""列"字段标题。

红太狼　好多功能，不过有好几个我用不到！

课时 1-5　"设计"选项卡的主要功能小演

红太狼　网上好多数据透视表都排得很好看，是不是"设计"选项卡的功劳？

灰太狼：是的，透视表的两大主要功能项"分析"和"设计"的组合使用就能制作出很美观的透视表，"分析"功能主要侧重于整理透视表的数据，"设计"功能主要侧重于美化透视表的布局。

红太狼　那讲解一下"设计"选项卡。

灰太狼： "设计"选项卡由"布局""数据透视表样式选项"和"数据透视表样式"3大块组成（图1-5-1）。

图1-5-1　数据透视表工具之"设计"选项卡

1. "布局"包含"分类汇总""总计""报表布局"和"空行"项。

● 分类汇总：用于选择是否显示分类汇总以及显示的位置（图1-5-2）。如需在数据透视表顶部显示汇总，则报表布局为非表格形式。

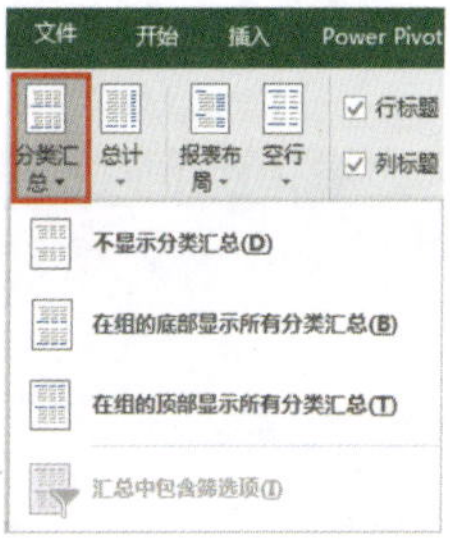

● 总计：用于选择对"行""列"启用"总计"的个数（图1-5-3），在"数据透视表选项"→"汇总和筛选"中也有此功能项。

● 报表布局：可设置透视表显示的格式以及项目标签是否重复（图1-5-4）；大纲和表格两种报表布局显示方式（双击行标签→"字段设置"→"布局和打印"（图1-5-5）选项卡中也有同样的选项）；"重复所有项目标签"可以对透视表"行"和"列"的项目标签进行重复（此功能为2010及更高版本的Excel才有）。

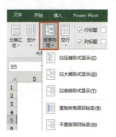

图1-5-2　"数据透视表工具"之"分类汇总"下拉框

图1-5-3　"数据透视表工具"之"总计"下拉框

图1-5-4　"数据透视表工具"之"报表布局"下拉框

图1-5-5　"字段设置"对话框

● 空行：可以在透视表的每个项目后插入或删除空行，以方便打印布局（图1-5-6）。

2. "数据透视表样式选项"可以设置对"行标题""列标题""镶边行""镶边列"是否美化。

3. "数据透视表样式"包含85种默认样式可供你选择，也可在列表底部找到"新建透视表样式"选项来创建个性化样式。

图1-5-6　"数据透视表工具"之"空行"下拉框

红太狼 ▶ 这么多样式可供选择，稍微搭配一下就很美观，小伙伴们，赶紧动手试试吧！

Part 2　玩死透视表布局"四大区域"

灰太狼Part 2提示：**认识数据透视表的格局！**

课时 2-1　改变数据透视表的整体布局

红太狼　关于透视表布局还有别的注意事项吗?

灰太狼：对于透视表的布局这里补充3个知识点。

第1个：透视表的位置。当创建数据透视表的时候，会弹出如图2-1-1所示的对话框，可以选择放置数据透视表的位置是"新工作表"还是"现有工作表"。

第2个："更多表格"。创建数据透视表后，在"数据透视表字段"列表框中有一个"更多表格"的选项，选择此选项后单击弹出的对话框的"是"按钮则创建新的数据透视表（图2-1-2），相当于复制一个当前的数据透视表到新的工作表中。

第3个："数据透视表字段"工具（图2-1-3）。"升序"是按字段名首字母的升序排序，"按数据源顺序排序"是根据数据源字段名位置的先后顺序排序。

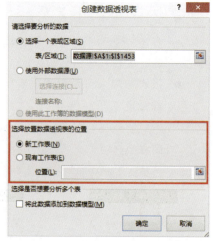

图2-1-1　"创建数据透视表"对话框

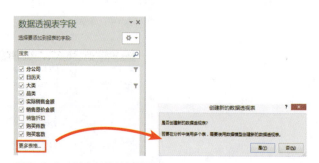

图2-1-2　创建新的数据透视表

图2-1-3　数据透视表字段工具

红太狼　这些之前都没留意，看来后面还会有好多容易被忽略的小知识点！

课时 2-2　显示报表筛选字段的多个数据项

红太狼　如何选择多个数据项？

灰太狼：分为两种，如果是筛选器，勾选"选择多项"复选框（图2-2-1），即可选择多项；如果是行字段，直接勾选该字段对应的复选框即可（图2-2-2）。

图2-2-1　筛选器多选框

图2-2-2　行字段多选框

红太狼　什么是活动字段？

灰太狼：凡是出现在"数据透视表字段"列表框中的都称为活动字段，勾选的字段为"当前活动字段"。

红太狼　那放入数据透视表的字段如何删除呢？

灰太狼：有4种方法可以删除。

第1种：取消"数据透视表字段"列表框中字段名复选框的勾选。

第2种：选中数据透视表区域中的字段名，移回字段列表框。

第3种：选中数据透视表区域中的字段名，移出数据透视表区域。

第4种：选中数据透视表区域中的字段名→右键→"删除"。

红太狼　放入"值"区域的字段怎么不能移到其他区域呢？

灰太狼：凡是放入"值"区域的字段，如果要移动到别的区域，需要先在"值"区域中删除该字段，然后才能加入四大区域；而其他三大区域中的字段，则可以根据需求随意变换位置。

红太狼　不小心删除了数据源，还有办法快速查看到数据源吗？

灰太狼：有两个办法可以查看数据源。

第1种：把所有的字段名都放入数据透视表区域，数值放到"值"区域，其他的都放入"行"区域，然后"重复所有项目标签"；这样就又是一份完整的数据源。用这种方法查看比较慢，但是可以一次就整理好所有的数据源。

第2种：双击"值"区域的任意数据就可以查看到对应的数据源。如果要查看部分数据就先按条件筛选字段名，然后双击"值"区域的任意数据；如果要查看所有数据源，就不筛选任何字段，双击"值"区域的任意"总计"数据。

红太狼 明白啦，也就是说，如果不想让别人看到数据源，只删除数据源是没用的。

灰太狼：是的，如果不想别人看到数据源，最好的方法是删除数据源，再把数据透视表复制成表格。

红太狼 既然双击透视表数据区域可以查看数据源，那是否也可以禁止双击查看？

灰太狼：当然可以，在透视表区域，右键→"数据透视表选项"→"数据"，将"启用显示明细数据"复选框的"√"去掉（图2-2-3）即可。

图2-2-3　去除以双击方式显示数据源功能的步骤

红太狼 原来还有这功能，学会啦！

📺 课时 2-3　水平并排/垂直并排显示报表筛选字段

图2-3-1　数据透视表筛选区域显示字段选项

红太狼 今天的这个标题有点看不懂，坐等讲解。

灰太狼：其实很好理解，"水平并排"和"垂直并排"（图2-3-1）是在报表筛选区域显示字段的方式，默认情况下是"垂直并排"，但可以修改成"水平并排"。还可以选择每行（或列）报表筛选的字段数，默认情况是"0"。"水平并排"的排序方式是先从左往右，后从上往下；"垂直并排"的排序方式则是先从上往下，后从左往右。

　　提供这种布局格式的选择是为了方便制作报表，以及满足不同人的筛选查看习惯。

举个例子：如图2-3-2所示的这样一份透视表，“垂直并排”每列字段数为2（图2-3-3）和“水平并排”每行字段数为2（图2-3-4）的区别就是方向的不同。

	A	B	C	D	E
1	分公司	(全部)			
2	品类	(全部)			
3	日历天	(全部)			
4					
5		值			
6	大类	求和项:实际销售金额	求和项:销售原价金额	求和项:购买件数	求和项:购买客数
7	服装	9273291.7	17692440	89661	68725
8	配件	218126	376065	7281	5263
9	鞋	9018384.3	16872594	53386	47652
10	总计	18509802	34941099	150328	121640

图2-3-2 数据透视表初始布局

【实例文件名：第1天-Part2.xlsx/课时2-3】

	A	B	C	D	E
1					
2	分公司	(全部)		日历天	(全部)
3	品类	(全部)			
4					
5		值			
6	大类	求和项:实际销售金额	求和项:销售原价金额	求和项:购买件数	求和项:购买客数
7	服装	9273291.7	17692440	89661	68725
8	配件	218126	376065	7281	5263
9	鞋	9018384.3	16872594	53386	47652
10	总计	18509802	34941099	150328	121640

图2-3-3 垂直并排每列字段数为2

【实例文件名：第1天-Part2.xlsx/课时2-3】

	A	B	C	D	E
1					
2	分公司	(全部)		品类	(全部)
3	日历天	(全部)			
4					
5		值			
6	大类	求和项:实际销售金额	求和项:销售原价金额	求和项:购买件数	求和项:购买客数
7	服装	9273291.7	17692440	89661	68725
8	配件	218126	376065	7281	5263
9	鞋	9018384.3	16872594	53386	47652
10	总计	18509802	34941099	150328	121640

图2-3-4 水平并排每行字段数为2

【实例文件名：第1天-Part2.xlsx/课时2-3】

红太狼 原来是这么排序的，很简单嘛，学会啦！

课时 2-4 字段名称批量去除“求和项”

红太狼 创建的透视表，值字段名称前面的“求和项：”字样（图2-4-1）可以快速去掉吗？

灰太狼： 总共有3种方法，前两种方法比较慢，第3种方法相对较快。

第1种：在“编辑栏”中删除。选中B6单元格，在“编辑栏”中删除“求和项：”几个字后输入一个空格（图2-4-2）。

第2种：在“值字段设置”对话框中删除。双击B6单元格，在“自定义名称”中删除“求和项：”几个字，再输入一个空格（图2-4-3）。

第3种：使用替换功能删除。按快捷键Ctrl+H，在“查找和替换”对话框中的“查找内容”输入框中输入“求和项：”，在

	A	B	C	D	E
1	分公司	(全部)			
2	大类	(多项)			
3	日历天	(全部)			
4					
5		值			
6	品类	求和项:实际销售金额	求和项:销售原价金额	求和项:购买件数	求和项:购买客数
7	单衣类	428386.5	1347778	4594	4255
8	短T类	4661353.6	7911868	51622	34422
9	短裤类	1295645.7	2183069	10671	9180
10	户外鞋	170380.5	411214	1326	1150
11	滑板鞋	547340.2	1197944	4206	3727

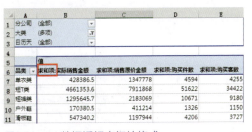

图2-4-1 数据透视表初始格式

【实例文件名：第1天-Part2.xlsx/课时2-4】

B6 求和项:实际销售金额

	A	B	C	D	E
1	分公司	(全部)			
2	大类	(多项)			
3	日历天	(全部)			
4					
5		值			
6	品类	求和项:实际销售金额	求和项:销售原价金额	求和项:购买件数	求和项:购买客数
7	单衣类	428386.5	1347778	4594	4255
8	短T类	4661353.6	7911868	51622	34422
9	短裤类	1295645.7	2183069	10671	9180

图2-4-2 使用编辑栏去除“求和项：”字样

【实例文件名：第1天-Part2.xlsx/课时2-4】

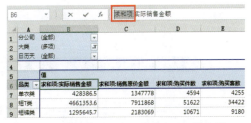

"替换为"输入框中输入"空格"，单击"全部替换"按钮即可（图2-4-4）。

图2-4-3 在"值字段设置"对话框去除"求和项："字样

【实例文件名：第1天-Part2.xlsx/课时2-4】

图2-4-4 使用替换功能去除"求和项："字样

【实例文件名：第1天-Part2.xlsx/课时2-4】

红太狼 ＞ 为什么都要替换成"空格"呢？

灰太狼：首先，如果不输入内容，则会跳出提示框（图2-4-5），字段名已经存在是因为不输入内容的字段名和数据源中的首行内容一样，Excel不允许两个一样的字段名存在，这是为了方便VBA等进行调用。

其次，输入其他内容也是可以的（图2-4-6），只是看上去字段名称会很长。

图2-4-5 去除"求和项："时不输入内容会跳出的提示框

图2-4-6 去除"求和项："时输入其他内容

【实例文件名：第1天-Part2.xlsx/课时2-4】

最后，输入空格是为了使修改后的字段名和原有的字段名看上去既比较相似，又不会显得字段名称很长。

红太狼 ＞ 原来如此，替换成空格确实比较好！

课时 2-5 透视字段名称默认为"求和项"

红太狼 ＞ "值汇总方式"默认不是"求和"而是"计数"是怎么回事？

灰太狼：有两个原因。

第一个：透视表的数值数据源中含有空单元格（图2-5-1）。

第二个：透视表的数据源区域选中整列（选中整列就相当于同时选中后面的很多空单元格）。

分公司	日历天	大类	品类	销售金额	销售原价金额	销售折扣	购买件数	购买客数
上海	2015/1/1	服装	单衣类	1002	2288	0.44		10
上海	2015/1/1	服装	单衣类	7048	20868	0.34		77
上海	2015/1/1	服装	单衣类	595	1775	0.34		5
上海	2015/1/1	服装	短T类	130499	251410	0.52	116	746
上海	2015/1/1	服装	短T类	8650	22097	0.39	83	54
上海	2015/1/1	服装	夹克	3067	9472	0.32	28	20
上海	2015/1/1	服装	单衣类	6320	19160	0.33	60	52
上海	2015/1/1	服装	长裤类	4377	9850	0.44	30	27

图2-5-1　“值汇总方式”默认为“计数”时的数据源样式

【实例文件名：第1天-Part2.xlsx/数据源】

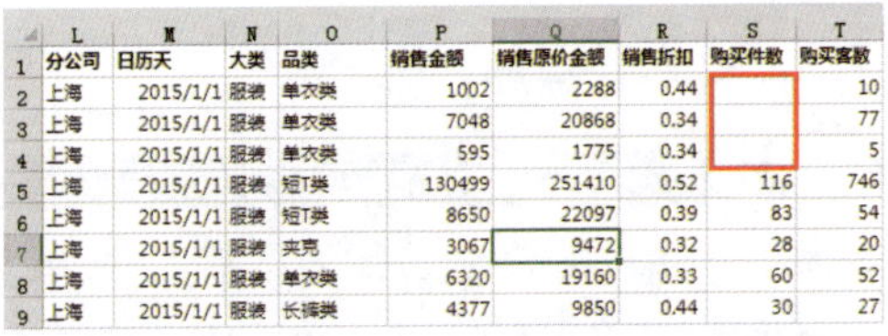

红太狼 那如何把“值汇总方式”修改为“求和”？

灰太狼：与出现的原因对应，修改的方法也有两种。

第1种：在透视表中修改，选中“计数”的值字段名称C6，右键→“值字段设置”→“值汇总方式”→“求和”→“确定”即可（图2-5-2）。

第2种：在数据源中修改。采用“定位”→“空值”的方法（参见图1-2-3），在选定的空单元格中输入“0”，输入0不影响“求和”的结果，按快捷键Ctrl+Enter全部填充。

图2-5-2　修改“值汇总方式”

【实例文件名：第1天-Part2.xlsx/课时2-5】

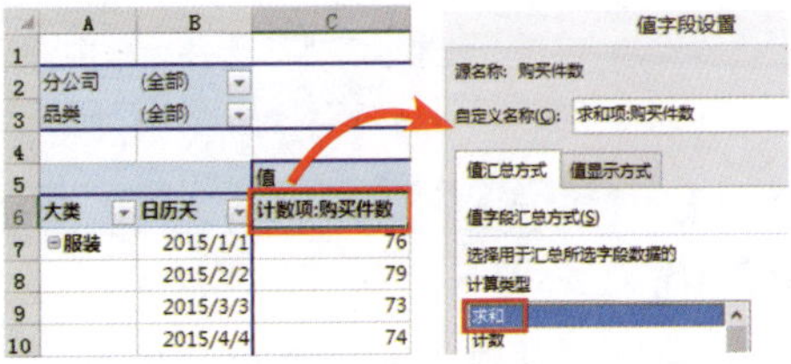

修改数据源后的刷新也有两种方法。

第1种：在“值字段设置”中修改后会自动刷新。

第2种：重新建立透视表，需要注意的是，同一份数据源若要修改后默认显示“求和”，可选中数据源→按快捷键Alt+D+P→“下一步”→“下一步”→“否”即可（图2-5-3）。

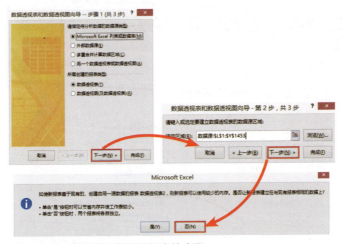

图2-5-3　重新插入数据透视表的步骤

红太狼 原来如此，明白啦。

📺 **课时 2-6** 　**字段合并且居中，并清除选项中多余的字段名称**

红太狼 　字段名称默认都在顶部，可以设置为合并且居中吗？

灰太狼： 可以的，在透视表区域右键→"数据透视表选项"→"布局和格式"→勾选"合并且居中排列带标签的单元格"复选框即可（图2-6-1）。

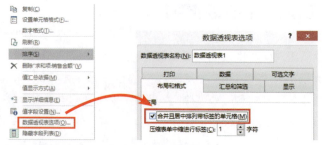

图2-6-1　合并且居中排列带标签的单元格
【实例文件名：第1天-Part2.xlsx/课时2-6】

红太狼 　图2-6-1中合并那个复选框下面还有一行字"压缩表单中缩进行标签"是什么意思？

灰太狼： 这项功能有个前提条件，即报表布局要"以压缩形式显示"，只有在这种显示模式下这一项才有效果。例如这一项功能的值取1字符和5字符时的区别如图2-6-2所示，字符区间为0~127。

图2-6-2　左边取值1字符，右边取值5字符
【实例文件名：第1天-Part2.xlsx/课时2-6】

红太狼 　原来如此。还有一个问题，怎么清除选项中多余的字段名称？

灰太狼： 在删除部分数据源的时候，会出现多余的字段名称，将其删除的步骤如下。

　　选中数据透视表→右键→"数据透视表选项"→"数据"→"每个字段保留的项数"选择"无"→"确定"（图2-6-3）→刷新透视表即可。

图2-6-3　删除多余的字段名称
【实例文件名：第1天-Part2.xlsx/课时2-6】

红太狼 　原来在这里修改，这个功能项真心实用啦！

课时 2-7　影子透视表的使用——照相机

红太狼　透视表能生成动态的透视表图片吗?

灰太狼: 可以,用"照相机"功能就可以达到这种效果。

第1步,调出"照相机"功能项。单击工作簿顶端的三角形下拉按钮→"其他命令"→"快速访问工具栏"→"不在功能区中的命令"→选择"照相机"→"添加"→"确定"即可(图2-7-1)。

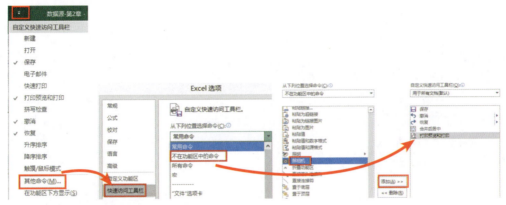

图2-7-1　在自定义快速访问工具栏调用"照相机"功能

第2步,选中要生成图片的透视表区域A4:E15,单击"快速访问工具栏"中的"照相机"功能项(图2-7-2)。

	A	B	C	D	E
1	分公司	(全部)			
2					
3		值			
4	日历天	求和项:销售金额	求和项:销售原价金额	计数项:购买件数	求和项:购买客数
5	2015/1/1	4800532	9126383	146	30448
6	2015/2/2	3471166	6535072	143	22222
7	2015/3/3	2761746	5275620	136	17999
8	2015/4/4	1068884	2012074	128	7469
9	2015/5/10	1430381	2696562	238	9623
10	2015/6/5	872584	1594547	126	6145
11	2015/7/6	849483	1597958	130	5952
12	2015/8/8	886787	1686660	137	5746
13	2015/9/7	909242	1716803	132	6338
14	2015/10/9	1458997	2699420	133	9698
15	总计	18509802	34941099	1449	121640

图2-7-2　使用"照相机"功能

最后,选择一个要放置图片的位置即可。之后,修改数据源并刷新透视表后,这个图片记录的透视表A4:E15区域的数据会跟着变化。

红太狼　两个放一起,还真不好分辨哪个是透视表哪个是图片,真的一模一样!

灰太狼：要想学好一项新的本领，一个好的开头是必不可少的！

第一，数据透视表中有一张万能表——数据源。把这张表弄明白了，后面会省事不少。

① 数据源中不要有空白单元格；

② 数据源中不要有合并单元格；

③ 数据源中不要有错误值。

第二，把数据透视表工具两个选项卡内的按钮功能理解透彻。

① "分析"选项卡；

② "设计"选项卡。

第三，把数据透视表的四大区域理解透彻。

① 筛选区域；

② 列区域；

③ 行区域；

④ 值区域。

对于新手而言，每一项内容都是一个难题，但是基本功不扎实怎么行呢！

第2天
The Second Day

　　学习数据透视表的目的是为了提高工作效率，因此，今天的内容主要从"刷新数据透视表"和"调整数据透视表格式"两方面入手，省略重复调整格式的时间来提高效率。

Part 3　动动手指头刷新透视表

灰太狼Part 3提示：**透视表格局如何刷新！**

课时 3-1　轻松更新全部数据透视表

红太狼　当一份数据源创建了多个数据透视表的时候，如何一次就刷新所有透视表呢？

灰太狼：如果只是原有数据源的内容发生变化，数据源区域不发生变化，则使用一个小功能就可以达到一次刷新所有透视表的效果。选择透视表区域中的一个单元格→"数据透视表工具"→"分析"→"刷新"→"全部刷新"即可（图3-1-1）。此处的"刷新"选项仅用于刷新当前透视表，功能和右键→"刷新"一样。

图3-1-1　刷新全部透视表

【实例文件名：第2天-Part3.xlsx/课时3-1】

红太狼　原来在这里可以一次就刷新所有透视表，那就不用一个一个点刷新啦！

课时 3-2　定时刷新引用外部数据的数据透视表

红太狼　导入外部数据源创建的透视表要如何自动刷新或者定时刷新？

灰太狼：首先讲解一下导入外部数据源，"数据"→"现有连接"→"浏览更多"（找到要导入的文件）→"打开"→"选择表格"→"确定"→选择"数据透视表"→选择数据透视表放置的位置（"现有工作表"或者"新工作表"）→"确定"（图3-2-1）。

　　其次，讲解一下如何自动刷新，选中数据透视表→"数据透视表工具"→"刷新"→"连接属性"→"使用状况"→选择"刷新控件"（图3-2-2）。

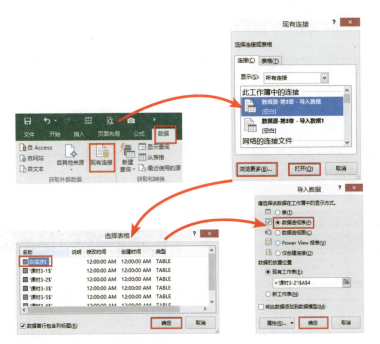

图3-2-1 导入外部数据源步骤

【实例文件名：第2天-Part3.xlsx/课时3-2】

图3-2-2 设置自动刷新控件

"刷新控件"里有4种刷新模式。

① 允许后台刷新：即在透视表中允许使用右键→"刷新"。

② 刷新频率：即设置固定的时间，透视表到点会自动刷新。

③ 打开文件时刷新数据：即打开工作簿的时候自动刷新数据。

④ 全部刷新时刷新此连接：即单击"数据透视表工具"→"分析"→"刷新"→"全部刷新"时，刷新此连接。

红太狼 ◀ 这不错，多种刷新方式可以结合使用！

课时 3-3　使用VBA代码设置自动刷新

红太狼： VBA的代码编辑框要如何调出来？

灰太狼： 调出VBA代码编辑框的方法有3种。

　　① 右键工作表名称→"查看代码"（图 3-3-1）。

　　② 按快捷键Alt+F11。

　　③ "开发工具"→"Visual Basic"（图 3-3-2）。

红太狼： 知道VBA代码编辑框在哪了，那要自动刷新透视表该怎么操作呢？

灰太狼： 首先，用到的VBA代码如下。

```
Sub 更新()
ThisWorkbook.RefreshAll
End Sub
```

其次，调出Visual Basic对话框后，先"插入"→"模块"（图3-3-3）→复制代码并粘贴进去即可。当要刷新透视表时，按住Alt+F8键调出宏，"执行"（图3-3-4）就可以刷新透视表。还可以在透视表边上插入一个图形，选中图形→右键→"指定宏"→选择宏→"确定"（图3-3-5），这样单击图形就可以刷新透视表。

图3-3-1　从工作表名称处调出VBA代码编辑框

图3-3-2　从"开发工具"选项卡调出VBA代码编辑框

图3-3-3　插入模块

图3-3-4　调出代码

图3-3-5　给图形指定宏

最后，需要注意一点，当Excel工作簿中使用了VBA代码，则保存工作簿的时候，需要另存为"Excel 启用宏的工作薄"方式。

红太狼： VBA的加入，让透视表刷新更便捷啦！

课时 3-4　推迟布局更新

红太狼　〈为什么要推迟布局更新呢？〉

灰太狼：当需要处理的数据源有几十万行数据的时候，调整字段的位置就会很费时间，这时就可以使用"推迟布局更新"（图3-4-1）这个功能。当勾选相应的复选框时，如果直接拖动字段到透视表区域则会出现错误提示（图3-4-2），这时需要在字段列表框中调整字段位置后，单击"更新"来统一调整布局。

图3-4-1　推迟布局更新

图3-4-2　推迟布局更新出现的错误提示

红太狼　〈难怪我现在不需要用这个功能，我现在处理的数据量还是少的！〉

课时 3-5　透视表刷新及透视结构各自为政（共享缓存）

红太狼　〈使用了同一个数据源，如何才能让各个透视表各自为政呢？〉

灰太狼：如果透视表使用的都是同一个数据源，直接"插入"→"数据透视表"或者复制粘贴一个透视表，则修改数据源的内容后，两份透视表都会一起更新。要想做到只刷新当前的透视表，就需要在创建的时候使用"数据透视表和数据透视图向导"，按快捷键Alt+D+P→"下一步"→"下一步"→"否"（图3-5-1）来创建。在使用透视表的数据画图表的时候常用到这种方法，用于对比修改前和修改后的差别。

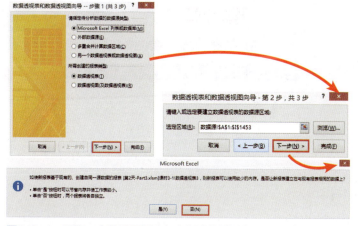

图3-5-1　用同一个数据源创建各自为政的透视表

红太狼　〈这个功能学会啦，方便以后画图！〉

课时 3-6　刷新时保持单元格的列宽和设定的格式

红太狼 刷新透视表后能保持原来的列宽和格式吗？

灰太狼：可以的，透视表的一个功能项可以保持原来设定的格式。在透视表区域右键
→ "数据透视表选项" → "布局和格式" （图3-6-1），在 "布局和格式" 选项卡中设
置如下两个复选框。

- 更新时自动调整列宽：勾选这个复选框时，透视表刷新时就会自动调整列宽，不
  选择则不调整列宽，保持刷新前的列宽。
- 更新时保留单元格格式：勾选这个复选框时，透视表刷新时会保留原来的单元格
  格式，不选择则不保留原来设置的格式，恢复为透视表的默认格式。

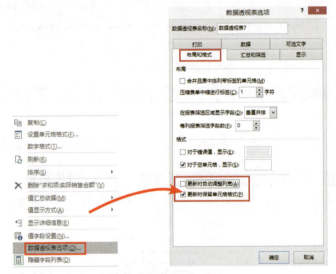

图3-6-1　调整透视表格式的选项

红太狼 使用这项功能，就不用重新调整格式了！

Part 4 　给透视表化妆

课时 4-1　自动套用数据透视表样式1

红太狼 透视表创建好后，如何快速修改透视表的样式呢？

灰太狼：在透视表的"数据透视表样式"中有
Excel自带的85种样式，直接选择一种套用就
可以了。如果样式中的颜色不喜欢，可以"新
建数据透视表样式"（图4-1-1），分别对各
个"表元素"设置格式。新建的样式会出现在
"设计"→"数据透视表样式"顶部的"自定
义"里。自定义的格式还可以进行修改，选中
样式→右键→"修改"即可重新设置。

红太狼 透视表自带的样式就很好，选一种使用
就已经很美观了！

图4-1-1　新建数据透视表样式

课时 4-2　自动套用数据透视表样式2

红太狼 如果只修改部分数据的格式呢？

灰太狼：修改部分格式就更简单，
直接选择要修改格式的内容，右键
→"设置单元格格式"，然后进行修
改即可（图4-2-1）。

也可以选择要修改的内容，直接
在Excel顶部的菜单栏里调整格式（图
4-2-2）。

图4-2-1　设置单元格格式

图4-2-2　直接使用菜单栏中的按钮设置单元格格式

红太狼　这样也挺方便的，搭配前面学过的"更新时保留单元格格式"非常实用！

课时 4-3　批量修改数据透视表中数值型数据的格式

红太狼　如何批量修改数据透视表的数值格式呢？

灰太狼：批量修改格式，需要搭配两个功能一起使用。一个是"启用选定内容"（"分析"→"选择"→"启用选定内容"（图4-3-1）），这个功能没启用的话，选择汇总行等有多行或多列数据的时候就不能一次选中。另一个是"更新时保留单元格格式"（右键→"数据透视表选项"→"布局和格式"→"更新时保留单元格格式"（图4-3-2）），这个功能不选择的话，数据源改动后再刷新透视表时，修改的格式将恢复为默认格式。

图4-3-1　启用选定内容　　　　图4-3-2　更新时保留单元格格式

红太狼　原来如此，这些小的细节很容易被忽略！

课时 4-4　设置错误值的显示方式/"空白"字段的删除

红太狼　做了一个透视表，出现错误值啦（图4-4-1），该怎么修改？

灰太狼：这个简单，在透视表区域右键→"数据透视表选项"→"布局和格式"→"格式"→勾选"对于错误值，显示"（图4-4-2），在其输入框中输入"无"等标注性字符即可。"对于空单元格，显示"也是同理的使用方法，可以输入标注性字符用于在空单元格中显示。

图4-4-1 透视表出现错误值
【实例文件名：第2天-Part4.xlsx/课时4-4】

图4-4-2 修改错误值步骤
【实例文件名：第2天-Part4.xlsx/课时4-4】

红太狼：原来在这里修改！在图4-4-1里行标签的最后一个是"空白"，这个在哪里改？

灰太狼：行标签出现空白选项，一般是透视表的数据源区域中包含了空白行，重新选择一下数据源区域，"数据透视表工具"→"分析"→"更改数据源"→"选择一个表或区域"→重新选择一个不包含空白行的区域（图4-4-3）即可。

红太狼：这样修改也挺简单的，学会啦！

图4-4-3 删除行标签中的"空白"选项
【实例文件名：第2天-Part4.xlsx/课时4-4】

课时 4-5 透视表与条件格式"公式"

红太狼：表格中可以用条件格式"公式"来筛选数值进行标记，透视表中可以吗？

灰太狼：可以，通过几个实例（图4-5-1）可以很清楚地了解"公式"的使用方法。

图4-5-1 透视表中使用公式的效果图
【实例文件名：第2天-Part4.xlsx/课时4-5】

第1个：筛选"购买件数"大于"10000"的数值并进行标记。选中"购买件数"字段列→"条件格式"→"突出显示单元格规则"→"大于"→在对话框中输入"10000"→"确定"（图4-5-2）即可。

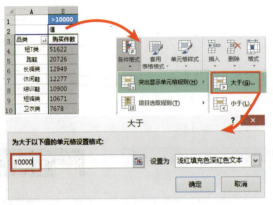

图4-5-2　筛选购买件数大于10000的步骤
【实例文件名：第2天-Part4.xlsx/课时4-5】

第2个：筛选"购买客数"排在前3名的数值并进行标记。选中"购买客数"字段列→"条件格式"→"项目选取规则"→"前10项"→在对话框中输入"3"→"确定"即可（图4-5-3）。这里结果只出来两个，是因为最后一行"总计"行（图4-5-4）也加入了条件格式的筛选中，解决此问题只需删除"总计"行即可。

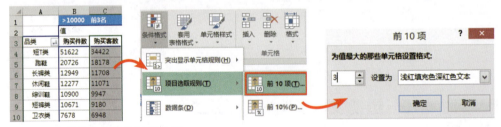

图4-5-3　筛选购客数前3名的步骤
【实例文件名：第2天-Part4.xlsx/课时4-5】

第3个：筛选"实际销售金额"大于"200000"的数值并进行标记。有了前两个实例的基础，这个例子采用"公式"来筛选。这里不应该选中整个字段列，因为结果会出错（图4-5-1）。

选中数据区域D4:D37→"条件格式"→"突出显示单元格规则"→"其他规则"→"使用公式确定要设置格式的单元格"→在输入框中输入公式

A	B	C	D	E
	>10000	前3名	选中D4：D37	选中字段列
品类	购买件数	购买客数	实际销售金额	实际销售金额
手机类饰品	17	1	0	0
健身鞋	15	13	1248	1248
收纳包	14	9	453	453
旅行包	4	4	393	393
护具	3	1	27	27
情侣类	5	1	150	150
棉鞋	1	1	160	160
总计	150328	121640	18509802	18509802

图4-5-4　筛选"购买客数"前3名出错的原因
【实例文件名：第2天-Part4.xlsx/课时4-5】

30

"=D4>200000"→设置"格式"→"确定"（图4-5-5）即可。

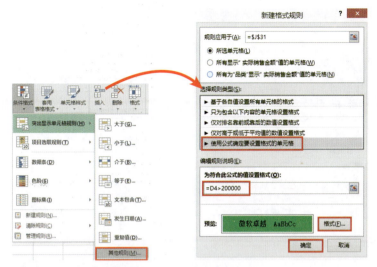

图4-5-5　筛选实际销售金额大于200000的步骤

【实例文件名：第2天-Part4.xlsx/课时4-5】

红太狼　原来"条件格式"的使用方法在表格中和透视表中是相似的。

灰太狼：是的。需要特别注意的一点是，"使用公式确定要设置格式的单元格"这个规则类型在透视表中使用时，需要选中数值区域，而不能直接选中字段列，否则将出错。

红太狼　明白，通过实例记得更清楚！

课时 4-6　透视表与条件格式"数据条"

红太狼　"数据条"是不是就是"条形图"？

灰太狼："数据条"和"条形图"在一定的设置条件下是很像（图4-6-1），但是是完全不一样的两个功能。

红太狼　那要如何设置才能得到图4-6-1这样的效果呢？

图4-6-1　数据条设置效果图

【实例文件名：第2天-Part4.xlsx/课时4-6】

灰太狼：首先，了解一下"数据条"的三大选项（图4-6-2）。其中"渐变填充"和"实心填充"中各有6种默认格式可以套用，按需求选择即可。

如果默认格式的颜色不合适，可以选择"其他规则"→"条形图外观"（图4-6-3），从中选择合适的颜色。

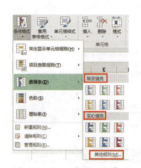

图4-6-2 "数据条"三大选项　　图4-6-3 数据条格式规则

【实例文件名：第2天-Part4.xlsx/课时4-6】

其次，要得到图4-6-1中的这种效果，除了在"其他规则"中对外观进行设置，还需要勾选"仅显示数据条"复选框（图4-6-3），这样才可以隐藏单元格本身的数值，使得数据条看起来更像条形图。

最后，"其他规则"里的"类型"和"值"（图4-6-3）选项，可用于对显示数据条的数值类型进行选择以及对数值区间进行筛选。

红太狼　原来这么简单，这下可以在透视表中画图表了，而且还很方便！

课时 4-7　透视表与条件格式"图标集"

红太狼　怎么理解"图标集"？

灰太狼：　"图标集"的使用其实和"数据条"类似，区别主要在于"数据条"的对象是单个的数值，"图标集"的对象是一个数值区间（图4-7-1）。

图4-7-1 图标集设置效果图

【实例文件名：第2天-Part4.xlsx/课时4-7】

红太狼 那是不是设置图标集就是在“数据条”的基础上加上数值区间就可以？

灰太狼：也可以简单地这么理解，但是每个功能项还是需要认真了解，完美的运用是建立在扎实的基本功上的。

先了解一下图标集的五大选项（图4-7-2），“方向”“形状”“标记”“等级”以及“其他规则”。其中“等级”有20种默认的格式可以选择。如果默认的格式不能满足要求，那么选择“其他规则”（图4-7-3），对“格式样式”“图标样式”“图标”“值”区间以及“类型”进行选择。

按照图4-7-3设置出来的结果就是图4-7-1所示的效果。主要注意两点：一个是选择“类型”为“数字”，另一个是“值”区间的设置。

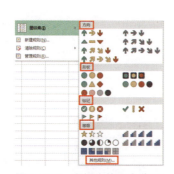

图4-7-2　图标集的五大选项

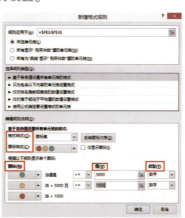

图4-7-3　图标集的其他规则

【实例文件名：第2天-Part4.xlsx/课时4-7】

红太狼 原来是这么用的，也很简单！

课时 4-8　透视表与条件格式“色阶”

红太狼 发现“色阶”的最终效果和“数据条”的效果有点相像。

灰太狼：是的。“色阶”的效果是数据条颜色不同（图4-8-1），“数据条”的效果是数据条的长短不同。“色阶”有默认的12种格式可选，也可以通过“其他规则”（图4-8-2）设置更多的样式。

	A	B	C
1		值	
2	品类	购买件数	购买客数
3	短T类	51622	34422
4	跑鞋	20726	18178
5	长裤类	12949	11708
6	休闲鞋	12277	11071
7	综训鞋	10900	9947
8	短裤类	10671	9180
9	卫衣类	7678	6948
10	袜	5483	3643
11	单衣类	4594	4255
12	滑板鞋	4206	3727
13	时装鞋	1977	1812

	E	F	G
1		值	
2	品类	购买件数	购买客数
3	短T类	51622	34422
4	跑鞋	20726	18178
5	长裤类	12949	11708
6	休闲鞋	12277	11071
7	综训鞋	10900	9947
8	短裤类	10671	9180
9	卫衣类	7678	6948
10	袜	5483	3643
11	单衣类	4594	4255
12	滑板鞋	4206	3727
13	时装鞋	1977	1812

图4-8-1　色阶设置效果图

【实例文件名：第2天-Part4.xlsx/课时4-8】

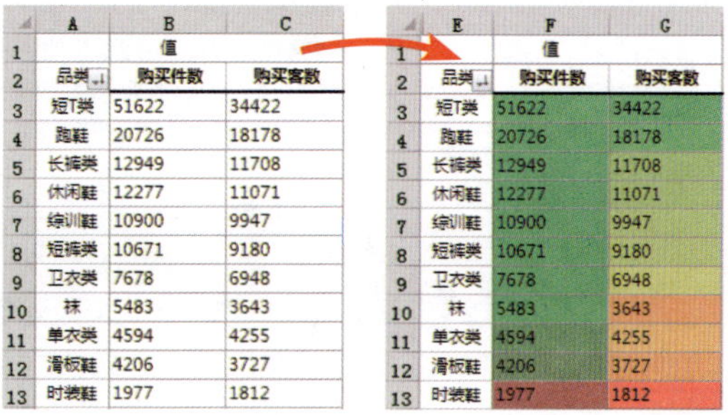

图4-8-1中G列的效果是通过做了如

图4-8-3所示的设置得到的，主要编辑的选项是："格式样式"选择了"三色刻度"，"类型"选择了"数字"，以及"三色刻度"对应的3个数值区间和3种颜色。

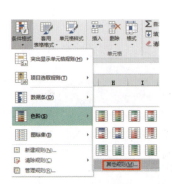

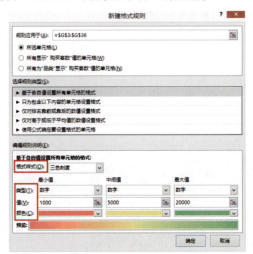

图4-8-2　色阶格式列表　　　　　图4-8-3　色阶的格式设置

【实例文件名：第2天-Part4.xlsx/课时4-8】　【实例文件名：第2天-Part4.xlsx/课时4-8】

对于已经创建的格式规则，如要删除，可以在"条件格式"→"清除规则"列表中选择，有"清除所选单元格的规则"和"清除整个工作表的规则"两种选择（图4-8-4）。

图4-8-4　清除规则

对于已经创建的格式规则，如要修改，可以在"条件格式"→"管理规则"→"条件格式规则管理器"中修改。"条件格式规则管理器"中有"新建规则""编辑规则"和"删除规则"3种修改方式（图4-8-5）。

图4-8-5　条件格式规则管理器

【实例文件名：第2天-Part4.xlsx/课时4-8】

红太狼　新技能get，妥妥的！

灰太狼：偷懒每个人都会，就看你怎么对待它！

第一，数据透视表的刷新。

① 不管手动刷新、定时刷新还是VBA代码刷新，都是极好的；

② 数据源太大时，调整布局记得使用"推迟布局更新"功能；

③ 使用同一个数据源制作的数据透视表，如不想刷新时一起更新，记得使用快捷键Alt+D+P。

第二，美化数据透视表。

① 自动套用数据透视表样式；

② 设置数据透视表中值的格式；

③ 设置错误值的显示方式。

第三，数据透视表的设置结合条件格式使用。

① 条件格式——公式；

② 条件格式——数据条；

③ 条件格式——图标集；

④ 条件格式——色阶。

对于新手而言，每一个知识点的掌握都来之不易，且学且珍惜！

第3天
The Third Day

今天讲解"数据透视表中的排序"以及"数据透视表中的组合",力求
在提高工作效率的同时,保留一些表格中常用的操作。

Part 5 在透视表中排序和筛选

灰太狼Part 5提示：**如何升/降序排列和筛选得到我们想要的结果！**

课时 5-1 透视表使用"手动"排序

红太狼 ⟨透视表这么智能了，为什么还要用手动来排序？⟩

灰太狼：现实中有时会有需要无规律地变换数据顺序的需求，如图5-1-1所示的变换数据位置就是没有规律可寻的，这时就要用到手动排序。

品类	销售折扣	实际销售金额	购买件数		品类	购买件数	销售折扣	实际销售金额
绘训鞋	22	1877329	10900		跑鞋	20726	45	3911549
健身鞋	3	1248	15		户外鞋	1326	14	170381
篮球鞋	9	9023	68		绘训鞋	10900	22	1877329
跑鞋	45	3911549	20726		健身鞋	15	3	1248
户外鞋	14	170381	1326		篮球鞋	68	9	9023
滑板鞋	18	547340	4206		滑板鞋	4206	18	547340
硫化鞋	1	1001	26		硫化鞋	26	1	1001
时装鞋	16	244246	1977		时装鞋	1977	16	244246
网球鞋	16	212747	1643		网球鞋	1643	16	212747
休闲鞋	22	2019184	12277		休闲鞋	12277	22	2019184
足球鞋	38	24178	221		足球鞋	221	38	24178
棉鞋	1	160	1		棉鞋	1	1	160
总计	206	9018384	53386		总计	53386	206	9018384

图5-1-1 手动排序效果图

【实例文件名：第3天-Part5.xlsx/课时5-1】

红太狼 ⟨在"数据透视表工具"里没有找到"排序"功能项，它在哪个选项卡里？⟩

灰太狼："排序"不在"数据透视表工具"里，而在"数据"→"排序"里（图5-1-2）。

"行"标签下拉框中也有"排序"选项（图5-1-3）。在透视表中可以对"行"标签和"值"标签进行排序。

图5-1-2 "排序"在功能区的位置

【实例文件名：第3天-Part5.xlsx/课时5-1】

图5-1-3 行标签下拉框中的"排序"选项

【实例文件名：第3天-Part5.xlsx/课时5-1】

"行"标签下拉框的"排序"选项中，主要讲解一下"其他排序选项"。"其他排序选项"（图5-1-4）包括3个单选项："手动""升序排序"和"降序排序"，其中"手动"是本小节要讲的重点内容。

红太狼　那如何在透视表中进行手动排序？

灰太狼：图5-1-4所示对话框的"摘要"中有一句话"拖动字段 品类 的项目以按任意顺序显示它们"就很好地解释了如何进行手动排序。

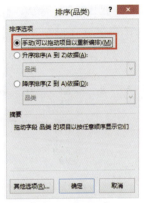

图5-1-1中，品类"跑鞋 户外鞋"的向上移动，采用的就是"手动"排序方法选中A9:A10单元格→指针移至单元格边缘，出现十字架状的移动箭头时，拖动单元格至A6单元格上方位置（图5-1-5），松开鼠标即可。

手动排序列字段的方法和图5-1-5所示操作一样，直接选中要移动的字段名称并将其移动至目标位置即可。数值区域不能直接拖动变换位置。

图5-1-4　其他排序选项

【实例文件名：第3天-Part5.xlsx/课时5-1】

除了在透视表区域直接手动排序，还能在数据透视表的字段列表框里直接变换位置（图5-1-6）。

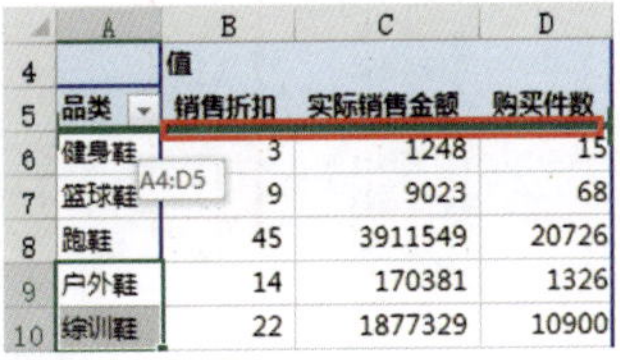

图5-1-5　手动排序

【实例文件名：第3天-Part5.xlsx/课时5-1】

图5-1-6　在字段列表框里手动排序

【实例文件名：第3天-Part5.xlsx/课时5-1】

红太狼　虽然这不是很方便的功能，但是也能满足一定的需求！

课时 5-2　透视表使用"自动"排序

红太狼　我认为这个自动排序不是全自动的，肯定需要手工操作一下才能完成。

灰太狼：自动排序是相对于手动排序而言的，即不用一个个地去调整数据位置，通过一些操作就可以让透视表按一定的规则进行排序。

红太狼　那这个规则是怎样的？

灰太狼：分3块区域讲解自动排序的规则。

第1个："行"区域。单击"行"字段名称的下拉框→"升序"（图5-2-1），则"行"区域的内容就根据A-Z的顺序从上到下进行升序排序；如果选择"降序"排序，就根据Z-A的顺序从上到下进行降序排序。

第2个："列"区域。单击"列"字段名称的下拉框→"升序"（图5-2-2），则"列"区域的内容就根据A～Z的顺序从左到右进行升序排序；如果是"降序"排序，就根据Z～A的顺序从左到右进行降序排序。

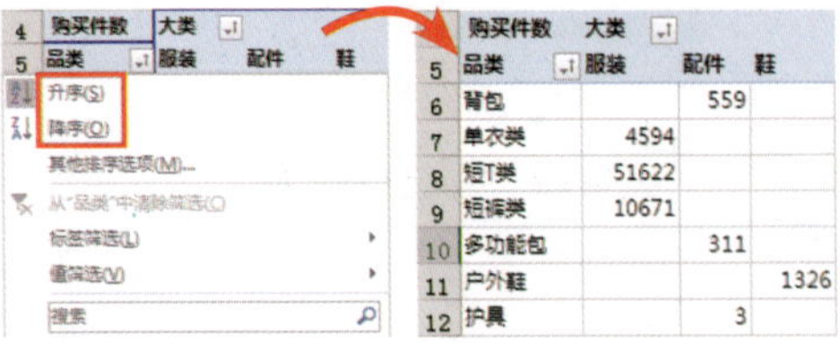

图5-2-1　行区域排序
【实例文件名：第3天–Part5.xlsx/课时5-2】

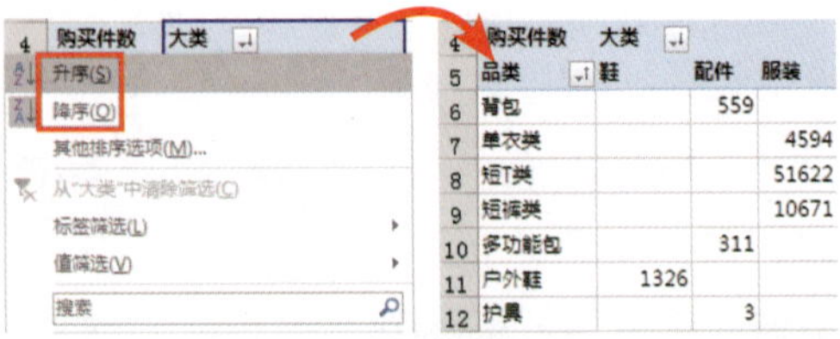

图5-2-2　列区域排序
【实例文件名：第3天–Part5.xlsx/课时5-2】

第3个："值"区域。选中"值"区域的单元格B6→右键→"排序"→"降序"，B列就会按照值的大小从大到小排序（图5-2-3）。"值"区域的排序只能满足其一列的排序规则，其余列不能同时排序。

图5-2-3　值区域排序
【实例文件名：第3天–Part5.xlsx/课时5-2】

红太狼：用"数据"→"排序"也能达到你的排序效果。

灰太狼：学会举一反三是个好习惯。

课时 5-3　透视表使用"其他"排序

红太狼："自动"和"手动"排序很好理解，"其他"排序该怎么理解？

灰太狼："手动"排序比较麻烦一些，而"自动"排序又比较单一，只能进行一级排序，但"其他"排序则可以进行二级，甚至多级排序。图5-3-1所示为既完成了"大类"的一级排序，又完成了"品类"的二级排序的效果。

图5-3-1　二级排序效果
【实例文件名：第3天–Part5.xlsx/课时5-3】

红太狼 这个要怎么操作？直接在"大类"的下拉框里选择"降序"显然是不对的。

灰太狼：单击"大类"下拉框→"其他排序选项"→"降序排序（Z到A）依据"→"购买件数"→"确定"（图5-3-2），到这一步，一级排序已经完成。

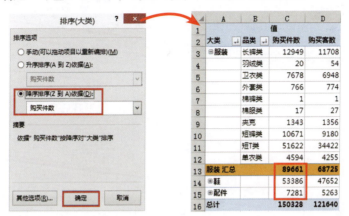

图5-3-2　二级排序效果第一步

【实例文件名：第3天-Part5.xlsx/课时5-3】

单击"品类"下拉框→"其他排序选项"→"降序排列（Z到A）依据"→"购买件数"→"确定"（图5-3-3），到这一步，二级排序也已经完成。

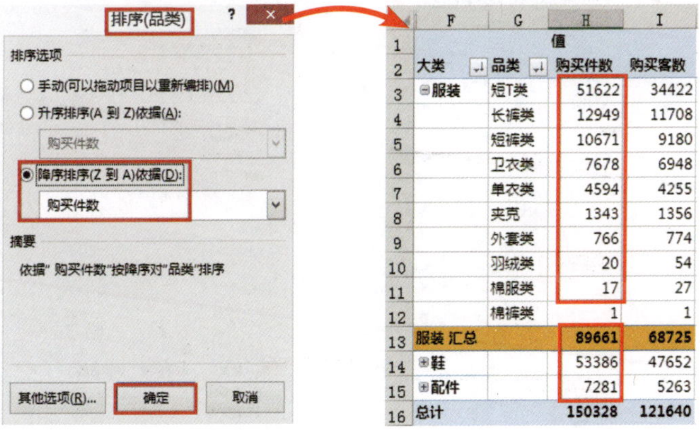

图5-3-3　二级排序效果第二步

【实例文件名：第3天-Part5.xlsx/课时5-3】

这里只排序到二级。在二级排序后，也可以对"购买件数"进行自动降序排序，方法是一样的。

"自动"排序只对临近的字段进行排序。在本实例中，也就是只对"品类"进行排序，对"大类"是不会进行排序的。

红太狼 原来是这样达到二级排序效果的，很好用！

📊 课时 5-4　透视表使用"自定义"排序

红太狼："自定义"排序在哪里找？在"其他排序选项"里没有找到。

灰太狼："自定义"排序的步骤如下。

　　第1步：新建排序规则。"文件"→"选项"→"高级"→"常规"→"编辑自定义列表"→选择新的规则（本例为K5:K16）→"导入"→"确定"→"确定"（图5-4-1），到这一步，新的规则已经导入完成。

　　第2步：按新添加的规则进行排序。单击"品类"下拉框→"其他排序选项"→"其他选项"→"主要关键字排序次序"→选择新建的规则→"确定"→"升序排序（A到Z）依据"→"确定"（图5-4-2），然后验证一下是否正确即可。

图5-4-1　自定义排序导入新规则
【实例文件名：第3天-Part5.xlsx/课时5-4】

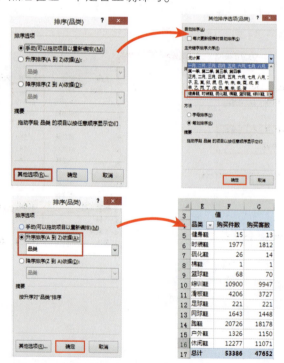

图5-4-2　自定义排序
【实例文件名：第3天-Part5.xlsx/课时5-4】

红太狼：排序功能藏得这么深，也许用到的时候不会太多。

🎬 课时 5-5　利用字段的下拉列表进行筛选

红太狼〈利用字段的下拉列表筛选应该没什么特别注意事项吧?

灰太狼: 这个功能在讲解透视表基础的时候也提到过,直接打开字段的下拉框,勾选需要的字段即可。可以对"行"区域、"列"区域和"筛选"区域进行筛选。

　　唯一需要注意的是:对"筛选"区域进行多项筛选时,要先勾选"选择多项"复选框(图5-5-1)才可以选择多个字段,否则只能全选或者单选。

红太狼〈这个功能果然是很简单的!

图5-5-1　选择多项

【实例文件名:第3天−Part5.xlsx/课时5-5】

🎬 课时 5-6　利用字段的标签进行筛选

红太狼〈利用标签进行筛选,筛选的是不是就是"行"区域?

灰太狼: 可以利用字段的标签进行筛选的是"行"区域和"列"区域,筛选的条件有14种。

　　其中"等于""不等于""包含""不包含"既可以筛选文本标签,也可以筛选数值标签;

　　"开头是""开头不是""结尾是""结尾不是"仅可以筛选文本标签;

　　"大于""大于或等于""小于""小于或等于""介于""不介于"仅可以筛选数值标签(图5-6-1)。

红太狼〈这个功能和表格里的筛选很相似,好记!

图5-6-1　标签筛选

【实例文件名:第3天−Part5.xlsx/课时5-6】

🎬 课时 5-7　使用值筛选进行筛选

红太狼〈"值筛选"和"标签筛选"列表中的后半部分用法是不是很相似?

灰太狼: 使用方法一样。"值筛选"中多了一个"前10项",如筛选"购买件数"的前3名就用这项功能（图5-7-1）。这个筛选功能经常用到，可以多尝试几种不同条件的筛选。

图5-7-1　值筛选

【实例文件名：第3天-Part5.xlsx/课时5-7】

"值筛选"也可以进行二级筛选。如在"大类"中筛选前两名且为"品类"的前3名，方法如图5-7-1所示，先对"大类"进行"值筛选"，再对"品类"进行"值筛选"即可。

红太狼　这个功能和透视表中使用的条件格式有点相似！

课时 5-8　使用字段的搜索文本框进行筛选

红太狼　使用字段的搜索文本框进行筛选不就和表格的一样？

灰太狼：是的，这个功能在透视表中的使用方法和在表格中是一样的，只需要在字段的下拉框中直接输入想要查找的关键字，透视表会自动模糊查找到所有类似的选项。如果搜索到的结果都是需要的，那么直接"确定"即可，如果只需要其中的某些选项，则勾选需要的选项即可。

图5-8-1　文本框筛选

【实例文件名：第3天-Part5.xlsx/课时5-8】

例如搜索所有带"鞋"的字段，在搜索文本框中输入"鞋"→"确定"（图5-8-1），即可查找到所有带"鞋"的字段名。

红太狼　这个简单，一说就会用！

课时 5-9   使用数据-筛选（结合透视表下拉选项）

红太狼〈怎样叫数据-筛选结合透视表下拉选项？〉

灰太狼：透视表中自带的筛选只在"行""列"和"筛选"区域出现，"值"区域中不能单独筛选。这里讲的结合使用可以对"值"区域筛选，只需要两步即可完成。

第1步：选中值区域（如A2:E2，重点是多选了一个单元格E2）。

第2步："数据"→"筛选"（图5-9-1）。

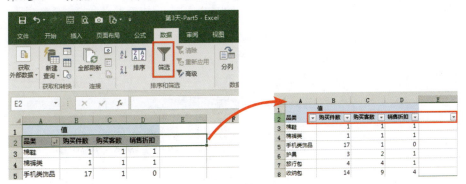

图5-9-1   在透视表值区域中筛选
【实例文件名：第3天-Part5.xlsx/课时5-9】

这时筛选"购买件数"＞10000件，则直接单击"购买件数"下拉框→"数字筛选"→"大于"→在对话框中输入10000→"确定"即可（图5-9-2）。这里的数字筛选还允许再满足两个条件，如加一个条件"小于"50000（图5-9-3），就能筛选出介于10000和50000之间的数据。

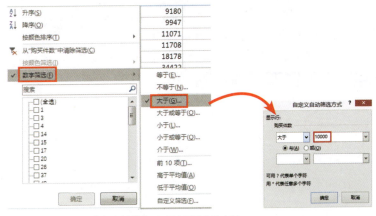

图5-9-2   筛选"购买件数"大于10000的方法
【实例文件名：第3天-Part5.xlsx/课时5-9】

图5-9-3　筛选"购买件数"大于10000且小于50000的方法
【实例文件名：第3天-Part5.xlsx/课时5-9】

　　不仅"值"区域能以两个条件筛选数据，"行""列"区域也可以筛选满足两个条件的文本，而透视表本身只能筛选一个条件。

　　单击"品类"下拉框→"文本筛选"→"包含"→在输入框中输入"鞋"→"或"→"包含"→输入框输入"包"即可（图5-9-4），这样就同时筛选了包含两个"品类"的数据。

图5-9-4　筛选包含"包"和"鞋"的品类
【实例文件名：第3天-Part5.xlsx/课时5-9】

红太狼　原来结合使用是这么用的，方便！

Part 6 数据透视表的项目组合

灰太狼Part 6提示：**将不相关的字段进行重新组合！**

🐺 课时 6-1　透视表组合包含的3种类型：数值、日期和文本

红太狼　【数值/日期/文本不就是常见的几种类型？】

灰太狼：这3种类型是比较常见，整理一下更方便了解。

　　① 数值：包含整数、小数、百分比等。可以进行运算，运算结果也是数值。

　　② 日期：有多种显示方式，右键→"设置单元格格式"（图6-1-1），可以更换日期的显示方式。日期也可以进行运算。

　　③ 文本：即汉字。文本运算的结果都为0。

　　另外再提一下错误值。错误值包含#NAME?和#DIV/0!等。错误值的运算结果仍是错误值。透视表的数值区域如果包含错误值，则透视的结果就会出错（图6-1-2）。

图6-1-1　设置单元格格式对话框

【实例文件名：第3天−Part6.xlsx/课时6-1】

图6-1-2　透视表数值区域出现错误值时的透视结果

【实例文件名：第3天−Part6.xlsx/课时6-1】

红太狼　【这个比较好理解。】

课时 6-2　手动组合透视表字段——文本值

红太狼 文本值在透视表中也能组合吗?

灰太狼： 可以，在透视表中对文本值要创建组的时候必须选中多个单元格对象，如只选中一个单元格→右键→“创建组”，则会出现“选定区域不能分组”提示框（图6-2-1）。

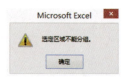

图6-2-1　选中一个单元格时出现的不能分组提示框

【实例文件名：第3天-Part6.xlsx/课时6-2】

对文本值创建组只能以手动组合方式，如选中透视表区域L3:L14→右键→“创建组”→选中L3→在编辑栏中修改组的名称为“鞋子”（图6-2-2），即可创建一个基于文本值的组。

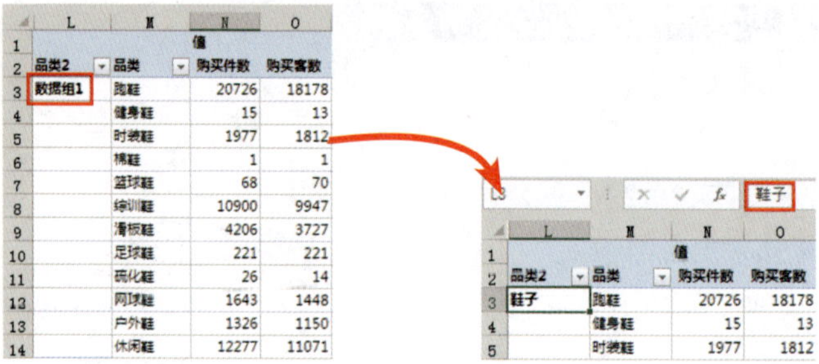

	L	M	N	O
1			值	
2	品类2	品类	购买件数	购买客数
3	数据组1	跑鞋	20726	18178
4		健身鞋	15	13
5		时装鞋	1977	1812
6		棉鞋	1	1
7		篮球鞋	68	70
8		综训鞋	10900	9947
9		滑板鞋	4206	3727
10		足球鞋	221	221
11		硫化鞋	26	14
12		网球鞋	1643	1448
13		户外鞋	1326	1150
14		休闲鞋	12277	11071

L3　鞋子

	L	M	N	O
1			值	
2	品类2	品类	购买件数	购买客数
3	鞋子	跑鞋	20726	18178
4		健身鞋	15	13
5		时装鞋	1977	1812

图6-2-2　对选中区域创建组

【实例文件名：第3天-Part6.xlsx/课时6-2】

在透视表中手动组合出现的新的字段不会出现在数据源里。

红太狼 这个效果在数据源里修改也可以达到吧?

灰太狼： 是的，如图6-2-3所示的这样一份数据源表，要达到与创建组相同的效果，按如下步骤操作即可。

第1步：在“分公司”前插入一个“区域”列。

第2步：筛选出B列的“北京”和“南京”，在A列填充文本“区域1”。

第3步：筛选出B列的“上海”和“义乌”，在A列填充文本“区域2”。

第4步：修改透视表的数据源区域，把“区域”字段放至“行”字段即可（图6-2-4）。

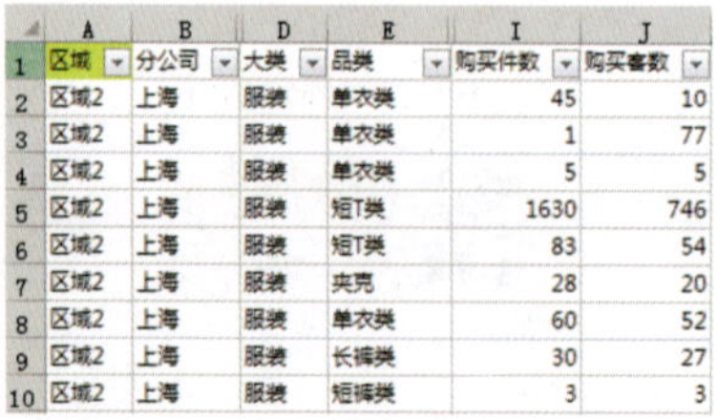

	A	B	D	E	I	J
1	区域	分公司	大类	品类	购买件数	购买客数
2	区域2	上海	服装	单衣类	45	10
3	区域2	上海	服装	单衣类	1	77
4	区域2	上海	服装	单衣类	5	5
5	区域2	上海	服装	短T类	1630	746
6	区域2	上海	服装	短T类	83	54
7	区域2	上海	服装	夹克	28	20
8	区域2	上海	服装	单衣类	60	52
9	区域2	上海	服装	长裤类	30	27
10	区域2	上海	服装	短裤类	3	3

图6-2-3　修改后的数据源的一部分

【实例文件名：第3天-Part6.xlsx/课时6-2】

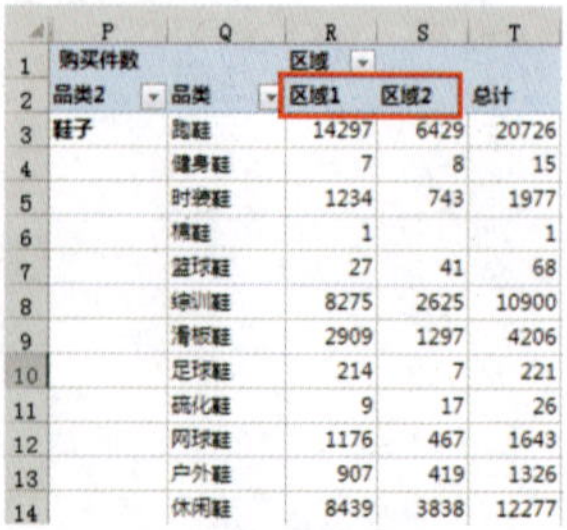

	P	Q	R	S	T
1	购买件数		区域		
2	品类2	品类	区域1	区域2	总计
3	鞋子	跑鞋	14297	6429	20726
4		健身鞋	7	8	15
5		时装鞋	1234	743	1977
6		棉鞋	1		1
7		篮球鞋	27	41	68
8		综训鞋	8275	2625	10900
9		滑板鞋	2909	1297	4206
10		足球鞋	214	7	221
11		硫化鞋	9	17	26
12		网球鞋	1176	467	1643
13		户外鞋	907	419	1326
14		休闲鞋	8439	3838	12277

图6-2-4　修改数据源以达到创建组的效果

【实例文件名：第3天-Part6.xlsx/课时6-2】

红太狼 两种方法都比较简单，容易学！

课时 6-3　手动组合透视表字段——数值

红太狼　数值的手动组合和文本值一样吗?

灰太狼：文本值的手动组合方式在数值的组合中也同样适用。如图6-3-1所示,在透视表中组合数值之后,再使用同一个数据源插入数据透视表,可以在透视表字段列表中看到相同的字段"购买件数2"(图6-3-2),这是因为用同一个数据源创建的透视表存在共享缓存的情况。如果想要新创建的透视表不发生共享缓存这种情况,请参考课时3-5介绍的方法。

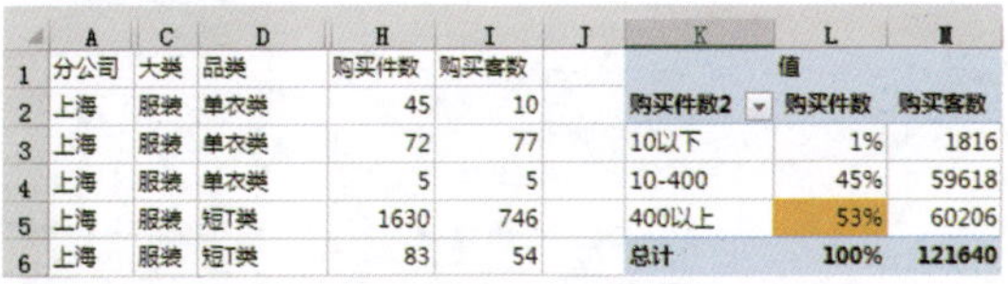

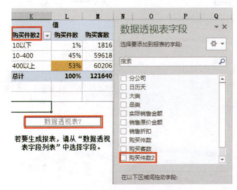

图6-3-1　基于文本的组合方式组合的数值
【实例文件名：第3天-Part6.xlsx/课时6-3】

图6-3-2　再次创建的透视表存在共享缓存的情况
【实例文件名：第3天-Part6.xlsx/课时6-3】

数值的手动组合还有另一种方法,即选用一个单元格来创建组,而在文本值的组合中,是不允许用一个单元格来创建组的。

具体方法是,选中单元格(如O3)→右键→"创建组"→设置"步长"为500(图6-3-3)→"确定"即可。在出现的对话框中还可以选择组的起止数值,以及步长。用数值创建组,使用这种方法会快一些。

红太狼　确实,用数值的这种创建组的方法比用文本值创建得快!

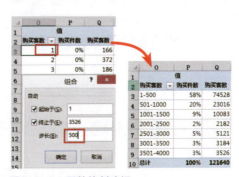

图6-3-3　用数值创建组
【实例文件名：第3天-Part6.xlsx/课时6-3】

课时 6-4 手动组合透视表字段——日期值

红太狼 文本值和数值的组合方法都适用日期值的组合吗?

灰太狼:文本值的组合方法适用于日期值的组合。

数值的第二种组合方法和日期值的第二种组合方法类似,区别在于步长。对于本小节实例,选中K3单元格→右键→"创建组"→选择步长为"日"→设置天数为"7"→"确定"(图6-4-1)即可。

图6-4-1 用日期值创建组,步长为"日"
【实例文件名:第3天-Part6.xlsx/课时6-4】

如果要组合成"季度",则在选择步长的时候同时选择"月"和"季度"(图6-4-2),这样可方便查看默认的"季度"组合了哪几个月的数值。

N 求和项:购买件数	O	P
季度	日历天	汇总
⊟第一季	1月	39178
	2月	27807
	3月	22478
⊟第二季	4月	8801
	5月	11123
	6月	7184
⊟第三季	7月	7191
	8月	7309
	9月	7866
⊟第四季	10月	11391
总计		150328

图6-4-2 用日期值创建组,步长为"月"和"季度"
【实例文件名:第3天-Part6.xlsx/课时6-4】

日期值的步长有"秒""分""小时""日""月""季度"和"年",根据不同的日期区间选择适合的步长即可。

如果组合错了或者不想要之前组合的数据,直接在组合的数据区域选中单元格→右键→"取消组合"即可。

红太狼 日期值的组合方式比较好用!

课时 6-5 选定区域不能分组的原因及处理方法

红太狼 有哪些原因会出现选定区域不能分组的情况?

灰太狼:有下面几个。

第1个:用文本值创建组的时候要选中区域,如果只选中一个单元格创建组,则会出现"选定区域不能分组"。处理方法很简单,选中区域就可以。

第2个：已经通过选定区域创建组的值，如果第二次创建组，则会出现"选定区域不能分组"问题。处理方法也很简单，不要对这些值进行第二次创建组操作。

第3个：错误日期格式不能组合。错误日期格式可以创建透视表，但是不能创建组。像图6-5-1中的错误日期，可以创建透视表并放入透视表区域，但是不能创建组。如果创建组，则会弹出"选定区域不能分组"的提示框。

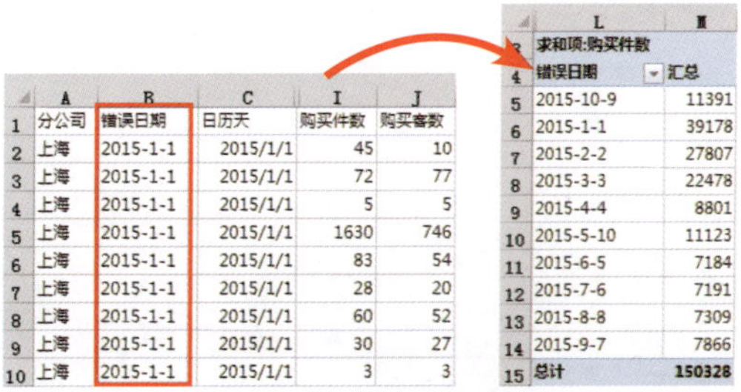

对于错误日期的格式统一，处理方法很简单，把错误日期格式修改成正确的即可。

第1步：选中B列数据→"数据"→"分列"（图6-5-2）。

第2步：选择"分隔符号"→"下一步"→选择"Tab键"→"下一步"→选择"常规"→"完成"（图6-5-3）。

图6-5-1 错误日期格式可创建透视表

【实例文件名：第3天-Part6.xlsx/课时6-5】

图6-5-2 "数据"选项卡的"分列"功能项

【实例文件名：第3天-Part6.xlsx/课时6-5】

图6-5-3 修改错误日期格式

【实例文件名：第3天-Part6.xlsx/课时6-5】

第3步：刷新透视表即可。

第4个：日期列含有空白单元格，可以创建透视表，也可以创建组，但是组合后的数据结果是错误的。处理方法就是补上空白单元格的日期值，刷新透视表即可。

第5个：日期列含有错误值，可以创建透视表，也可以创建组，但是组合后的结果也是错误的。处理方法就是把错误值的单元格填上正确的日期，刷新透视表即可。

红太狼 这里再次说明了基础数据源的重要性！

灰太狼：如何成为一个很厉害的人，没有标准答案，只有适合你的答案！

第一，数据透视表中的排序。

① 毫无规律可循的排序，只能交给手动排序；

② 一定规则下的排序，可以使用自动排序；

③ 自动排序解决不了的，使用其他排序或者使用自定义排序。

第二，数据透视表中的各种筛选。

① 最直接，但效率不太高的筛选是用下拉列表筛选；

② 有一定规律可行的，可使用标签筛选、值筛选或者文本框中的模糊筛选；

③ 要在值区域中筛选，只要多选一个单元格，结合数据中的筛选就可以。

第三，数据透视表中的项目组合。

① 了解数据透视表组合包含的三种类型；

② 了解每种类型的组合条件和组合方式；

③ 注意不能组合的原因以及处理方法。

对于新手而言，学不会的知识可以暂时跳过，过段时间再回头继续学！

第4天
The Fourth Day

"动态数据透视表"是数据透视表中的重点内容，学会这部分内容，可以让数据透视表增色不少。"创建多重合并的数据透视表"以及"数据透视表函数GetPivotData"要重点掌握。

Part 7　创建动态数据透视表

灰太狼Part 7提示：**了解如何建立动态数据源的透视表！**

🐺 课时 7-1　创造动态数据源透视表前先认识 OFFSET函数

红太狼　动态透视表和普通透视表有什么不同？

灰太狼：有两个不同点。

第1个：数据源的显示不同。普通透视表显示的是区域A1:E12；动态透视表显示的是"数据源"（图7-1-1）。

图7-1-1　数据源的显示

【实例文件名：第4天-Part7.xlsx/课时7-1】

第2个：增加数据源区域A13:E16后刷新方式的不同。普通透视表需要重新修改数据源区域；动态透视表只需要在透视表区域右键→"刷新"（图7-1-2），新增加的数据就会出现在透视表中。

红太狼　看来还是动态透视表方便。那如何创建动态透视表呢？

灰太狼：想要学习动态透视表，就要先学会两个函数，OFFSET和COUNTA。

首先我们来学习一下OFFSET这个函数。在透视表中输入"=OFFSET("，根据Excel的自动推荐功能，给出函数OFFSET的5个参数（图7-1-3），分别是reference、rows、cols、[height]、[width]。

图7-1-2　动态透视表增加数据源后的刷新效果

【实例文件名：第4天-Part7.xlsx/课时7-1】

图7-1-3　函数OFFSET的5个参数

【实例文件名：第4天-Part7.xlsx/课时7-1】

- reference：代表所选数据的起始单元格位置。
- rows：代表输出从起始位置起向下偏移第几个单元格中的数值。
- cols：代表输出从起始位置起向右偏移几个单元格中的数值。
- [height]：代表输出从起始位置开始往下偏移几个位置的区域。
- [width]：代表输出从起始位置开始往右偏移几个位置的区域。

函数OFFSET有5个参数，没有接触过的初学者会觉得比较难理解，用几个实例来讲解一下，就好懂些了。

第1个实例：先讲解第1个和第2个参数。我们以数据源表的A19单元格为起始位置，输入OFFSET函数的5个参数"=OFFSET(A19,3,0,0,0)"可以看到得出的值是错误的（图7-1-4）。

这是因为[height]和[width]两个参数返回的是区域，是一个数组，而且数组包含它们自身，所以这两个参数取值为0时，就会返回错误值。在使用OFFSET函数时，如果不用返回数组，则只需要输入想要的参数后以逗号结尾，Excel会自动计算出结果（图7-1-5）。

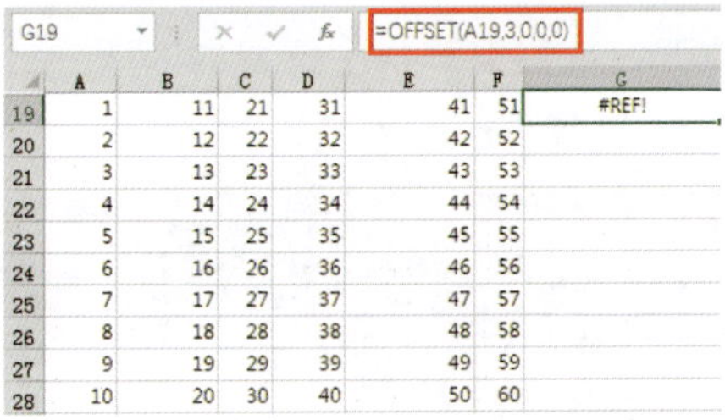

图7-1-4　OFFSET的5个参数全部输入以后返回错误值

【实例文件名：第4天-Part7.xlsx/课时7-1】

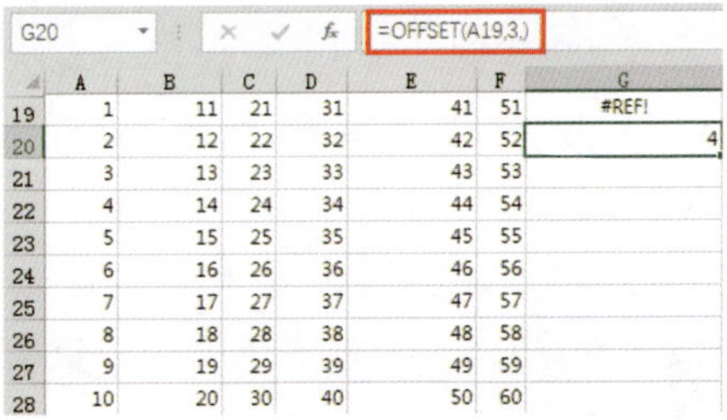

图7-1-5　输入OFFSET的两个参数，结果正确

【实例文件名：第4天-Part7.xlsx/课时7-1】

简单理解这里输入的函数"=OFFSET（A19,3,）"就是：A19单元格向下偏移3个单元格到A22单元格，得出结果"4"。

第2个实例：用第3个参数输出向右偏移第几个单元格中的值。在G21单元格内输入公式"=OFFSET(A19,0,5,)"，就会得到从A19单元格向右偏移5个单元格，即F19单元格的值，得出的结果是"51"（图7-1-6）。

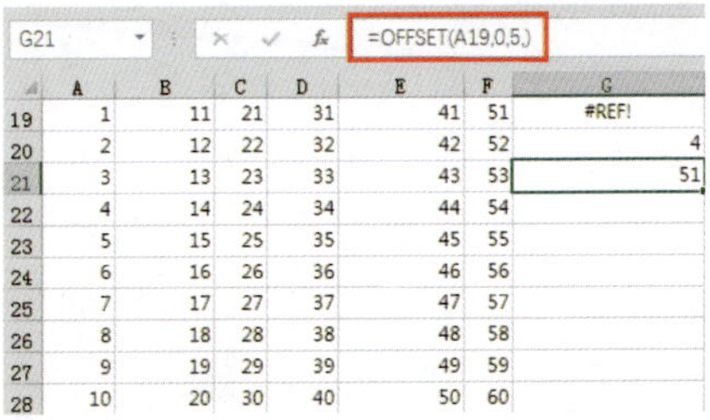

第3个实例：第4个参数用来输出从起始位置开始往下偏移几个位置的区域。输入图7-1-7所示的公式得出的结果也是出错的，应该是A19:A28这一个区域的数组。

图7-1-6　输入OFFSET第3个参数得出的结果

【实例文件名：第4天-Part7.xlsx/课时7-1】

可以通过"自定义名称"的方法来验证一下这个公式所取的值（关于自定义名称后续还会有讲解）：按快捷键Ctrl+F3→设定名称为"aa"→引用位置指定为"=OFFSET（'课时7-1'!$A$19,0,0,10,）"→"确定"，之后可以看到自定义名称"aa"；编辑自定义名称"aa"，将鼠标指针放至公式中间，可以看到公式的结果是A19:A28（图7-1-8）。

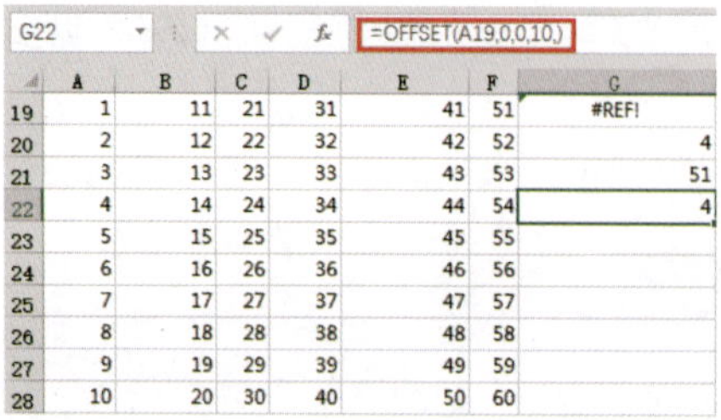

图7-1-7　输入OFFSET第4个参数得出错误结果

【实例文件名：第4天-Part7.xlsx/课时7-1】

图7-1-8　用自定义名称检查OFFSET公式的正确性

【实例文件名：第4天-Part7.xlsx/课时7-1】

第4个实例：第5个参数用来输出从起始位置开始往右偏移几个位置的区域。这里有一个书写公式的技巧，OFFSET的第4个和第5个参数不能都为"0"，因为它们返回的是区域。如果为0，结果就会提示错误。本例正确的输入公式应该是"=OFFSET(A19,0,0,,5)"，由于返回的还是数组，因此单元格中的结果还是错误的。同理，可用"自定义名称"的方法法验证结果（图7-1-9），得到的结果就是A19:E19的单元格区域。

图7-1-9　用自定义名称检查OFFSET公式的正确性

【实例文件名：第4天-Part7.xlsx/课时7-1】

另一个计数函数COUNTA，相比于OFFSET较为简单，主要用来返回所选择区域有值的单元格数量。参数为：value1,[value2],……；它每一个逗号都用来分隔一个参数，每一个参数都可以是一个区域，最终COUNTA返回的数量就是所选择所有区域内含有值的个数。

如计算A19:A30区域内有值的单元格的个数，输入公式"=COUNTA(A19:A30)"，即可得到正确的结果"10"（图7-1-10）。

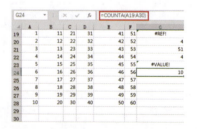

图7-1-10　用COUNTA计算有值的单元格个数

【实例文件名：第4天-Part7.xlsx/课时7-1】

红太狼　明白啦，写公式就要注意每个参数的作用以及书写技巧！

课时 7-2　用"定义名称法"创建动态数据透视表

红太狼　如何用"定义名称法"来创建动态数据透视表呢？

灰太狼：这里就要用到刚学过的OFFSET函数和COUNTA函数。

先要新建一个自定义名称。打开"名称管理器"的快捷键是Ctrl+F3，也可以使用"公式"→"名称管理器"来打开（图7-2-1）。

图7-2-1　"公式"选项卡中"名称管理器"的位置
【实例文件名：第4天-Part7.xlsx/课时7-2】

选择"新建"→编辑名称"课时2"→编辑引用位置"=OFFSET（'课时7-2'!$A$1,0,0,COUNTA（'课时7-2'!$A:$A),COUNTA（'课时7-2'!$1:$1))"→"确定"（图7-2-2），这样就创建好一个动态区域的自定义名称"课时2"。

图7-2-2　新建名称的步骤
【实例文件名：第4天-Part7.xlsx/课时7-2】

这里需要注意的是，为了允许数据源的随意添加，这里计数行的范围选择了A列，计数列的范围选择了第1行。

创建好一个名称以后，就可以插入数据透视表，在"表/区域"填入自定义的名称"课时2"，选择一个放置透视表的位置，调整一下透视表的格式，动态透视表就完成了（图7-2-3）。这时再添加数据源A13:G16，直接刷新透视表就会更新（图7-2-4）。

红太狼　明白了，用动态透视表确实很方便！

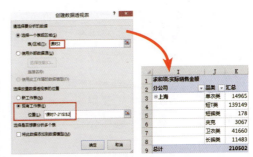

图7-2-3　用定义名称创建透视表
【实例文件名：第4天-Part7.xlsx/课时7-2】

图7-2-4　动态透视表的刷新
【实例文件名：第4天-Part7.xlsx/课时7-2】

课时 7-3 使用"表功能"创建动态数据透视表

红太狼 〈 "表功能"比"定义名称"还简单吗?

灰太狼: 从操作上来说,"表功能"省略了编写函数这一步骤,相对较简单。

红太狼 〈 那具体怎么操作?

灰太狼: 用下面的方法。

第1步,选中数据源中的任意单元格→"插入"→"表格"→编辑表数据的来源→"确定"(图7-3-1),

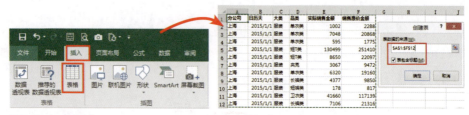

图7-3-1 创建表
【实例文件名:第4天-Part7.xlsx/课时7-3】

创建表还可以使用快捷键Ctrl+L,选中要创建表的区域→按快捷键Ctrl+L→"确定"即可。

表格创建完成后,选中整个表或者选中表的最后一行,可见到在右下角有一个快速分析按钮(图7-3-2),单击后出现一系列快速分析工具。使用快速分析工具可通过图表、颜色代码和公式等快速、方便地分析数据。

图7-3-2 表右下角的快速分析按钮
【实例文件名:第4天-Part7.xlsx/课时7-3】

第2步,选中表格的任意一个单元格→"插入"→"数据透视表"(图7-3-3),对话框中默认的区域为"表1",选择一个位置放置透视表,再美化透视表,就完成了用"表功能"创建动态透视表的操作。

使用"表功能"创建的透视表,在增加数据的时候,要增加到上一条数据之

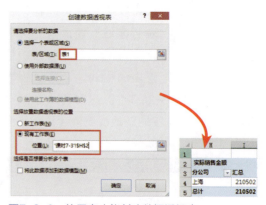

图7-3-3 使用表功能创建数据透视表
【实例文件名:第4天-Part7.xlsx/课时7-3】

后;删除数据的时候,需要删除整行或者整列数据;如果只是清除内容,则在刷新透视表后会出现空白字段。

红太狼 〈 用"表功能"创建透视表确实比较方便!

Part 8　创建多重合并的数据透视表

灰太狼Part 8提示：**了解如何建立动态数据源透视表！**

课时 8-1　创建单页字段的多重合并透视表

红太狼 如何创建单页字段的多重合并透视表？

灰太狼： 用下面的方法。

第1步：找到创建数据透视表向导。在Excel 2003版本里直接插入数据透视表时，就会出现数据透视表向导；从2007版开始，就不会弹出透视表向导对话框了，需要用户自行打开。调出透视表向导的快捷键是Alt+D+P；如果不习惯使用快捷键，在"自定义快速访问工具栏"→"其他命令"→"快速访问工具栏"→"不在功能区中的命令"→"数据透视表和数据

图8-1-1　自定义快速访问工具栏

【实例文件名：第4天-Part8.xlsx/课时8-1】

透视图向导"→"添加"→"确定"（图8-1-1），将此功能添加到快速访问工具栏。添加完成后，再要用到该功能，直接在快速访问工具栏里操作就可以。

第2步：添加数据。调出数据透视表向导→"多重合并计算数据区域"→"数据透视表"→"下一步"→"创建单页字段"→"下一步"（图8-1-2）。

图8-1-2　找到"创建单页字段"

【实例文件名：第4天-Part8.xlsx/课时8-1】

选择工作表中要添加的数据区域→"添加"（如果有多份数据源区域，则再次选择区域以添加）→"下一步"（图8-1-3）。

第3步：选择一个透视表显示的位置→"完成"（图8-1-4）。到这一步，创建单页字段的多重合并透视表就完成了。

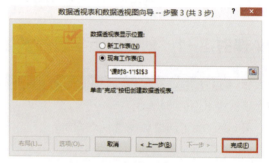

图8-1-3 添加数据
【实例文件名：第4天–Part8.xlsx/课时8-1】

图8-1-4 选择透视表放置的位置
【实例文件名：第4天–Part8.xlsx/课时8-1】

单页字段的多重合并透视表区域分为4部分，分别是行、列、值、页，和之前讲过的普通数据透视表里所含的区域名称是一样的，但是各区域中的值都不一样，显示出的结果也各有不同（图8-1-5）。

图8-1-5 多重合并透视表的字段列表框
【实例文件名：第4天–Part8.xlsx/课时8-1】

行标签为数据源中A列的值；列标签为B1:G1中的值；值为行和列对应的值；页为每个添加的区域，每个区域都是一个单独的项。普通透视表中数据源的第1行就是标题行，多重合并的透视表是每个数据区域的第1行都作为标题行，这是需要注意的一个地方。

红太狼 多重合并的透视表看起来挺难，其实了解创建步骤后也不难！

课时 8-2　创建自定义字段——单筛选项

红太狼：表示这个创建自定义字段——单筛选项也不理解，好难懂的样子！

灰太狼：没关系，一步一步跟着学习，每个知识点都弄明白了，最后串联起来就懂得如何使用了。

第1步：调出数据透视表向导。可以使用快捷键Alt+D+P，也可以使用快速访问工具栏，选择"多重合并计算数据区域"（图8-2-1）。

第2步：选择"自定义页字段"→"下一步"（图8-2-2）。

图8-2-1　透视表向导

【实例文件名：第4天-Part8.xlsx/课时8-2】

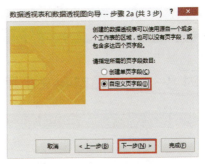

图8-2-2　自定义页字段

【实例文件名：第4天-Part8.xlsx/课时8-2】

第3步：选定区域→"添加"（如有多个区域，添加多次即可）→选择页字段项目"1"→选择第1个区域，"字段1"命名为"上海"，选择第2个区域，"字段1"命名为"南京"→"下一步"（图8-2-3）。

第4步：选择一个透视表显示位置→"完成"（图8-2-4）。

数据透视表创建完成。这时单击"页1"的下拉框（图8-2-5），就可以看到，原本"项2"和"项3"的位置已经被"南京"和"上海"替代。如果这时选择"南京"，透视表中的内容就筛选成"南京"的相关内容。

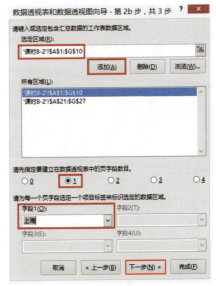

图8-2-3　为每一个页字段选定一个项目标签

【实例文件名：第4天-Part8.xlsx/课时8-2】

61

图8-2-4　选择一个数据透视表显示位置

【实例文件名：第4天-Part8.xlsx/课时8-2】

图8-2-5　自定义字段效果

【实例文件名：第4天-Part8.xlsx/课时8-2】

红太狼　学会了，其实创建单筛选项的自定义字段步骤也很简单！

课时 8-3　创建自定义字段——多筛选项

红太狼　"多筛选项"不就是在"单筛选项"的基础上多了几个筛选项？

灰太狼：是的，创建多筛选项自定义字段的前面几步与单筛选项的是一样的。

第1步：调出数据透视表向导→"多重合并计算数据区域"→"下一步"→"自定义页字段"→"下一步"→"选定区域"→"添加"。

第2步：指定要建立在数据透视表中的页字段数目为"2"，选择第1个区域，在"字段1"输入框中输入"上海"，"字段2"输入框中输入"服装"（图8-3-1）；选择第2个区域，在"字段1"输入框中输入"南京"，"字段2"输入框中输入"外套"→"下一步"。

第3步：选择一个数据透视表显示位置→"完成"（图8-3-2）。

这时点开"页1"的下拉框，可以选择"南京"或者"上海"；点开"页2"的下拉框，可以选择"服装"或者"外套"（图8-3-3）。由于每个数据区域都对应了字段名，在选择的时候要对应才能筛选出正确的数据，否则筛选不出数据。

设置3个或4个页字段数目的方法和2个页字段数目的方法一样。

图8-3-1　设置多筛选项字段

【实例文件名：第4天-Part8.xlsx/课时8-3】

图8-3-2　选择放置数据透视表的位置

【实例文件名：第4天-Part8.xlsx/课时8-3】

图8-3-3　多筛选项的效果

【实例文件名：第4天-Part8.xlsx/课时8-3】

红太狼 果然创建单筛选项和多筛选项的操作方法很相似！

课时 8-4　对不同工作簿中的数据列表进行合并计算

红太狼 不同的工作表和不同工作簿中的数据列表的合并计算有区别吗？

灰太狼：区别肯定是有的，两种都操作一遍就能发现区别在哪里了。

　　第1步：操作一下不同工作表中的数据列表的合并计算。从快速访问工具栏中调出数据透视表向导→"多重合并计算数据区域"→"下一步"→"自定义页字段"→"选定区域"并选择不同工作表的数据区域→"添加"。

　　第2步：指定页字段数据"1"→将第1个区域的"字段1"命名为"表1"。将第2个区域的"字段1"命名为"表2"，将第3个区域的"字段1"命名为"表3"→"下一步"（图8-4-1）→选择数据透视表显示的位置→"完成"。

　　到这一步，对不同工作表中的数据列表进行合并计算的操作就完成了。单击"页1"的下拉框中会出现"表1""表2"和"表3"3个选项（图8-4-2），

图8-4-1　将不同工作表的数据列表进行合并

【实例文件名：第4天-Part8.xlsx/课时8-4】

图8-4-2　不同工作表的数据列表合并效果

【实例文件名：第4天-Part8.xlsx/课时8-4】

选择其中一个，如"表1"，则透视表中的数据就变成对应的"表1"的数据（图8-4-3）。

对不同工作簿中的数据列表进行合并计算的方法也基本相同，只是在选定区域的时候，选择的是其他工作簿中的数据区域。

第1步：打开不同的工作簿，然后从快速访问工具栏中调出数据透视表向导→"多重合并计算数据区域"→"下一步"→"自定义页字段"→"选定区域"并选择不同工作薄的数据区域→"添加"。

第2步：指定页字段数据"1"→将第1个区域的"字段1"命名为"表4"，将第2个区域的"字段1"命名为"表5"，将第3个区域的"字段1"命名为"表2"→"下一步"（图8-4-4）→选择数据透视表显示的位置→"完成"。

这两个知识点的内容都是相对较简单的。结合之前学的"表功能"，实际操作一个动态数据透视表并进行多重合并的实例。

第1步：在数据源中插入表格，得到动态数据源。可以在"表格工具"→"设计"→"属性"中查看到此表的名称为"表2"（8-4-5）。

第2步：从快速访问工具栏中调出数据透视表向导→"多重合并计算数据区域"→"下一步"→"创建单页字段"→"选定区域"中输入"表2"→"添加"→"下一步"→选择透视表显示的位置→"完成"（图8-4-6）。

图8-4-3 筛选"表1"的数据
【实例文件名：第4天-Part8.xlsx/课时8-4】

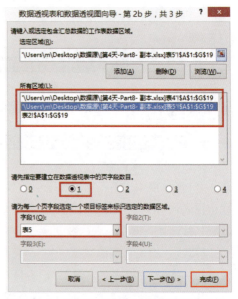

图8-4-4 将不同工作薄的数据列表进行合并
【实例文件名：第4天-Part8.xlsx/课时8-4】

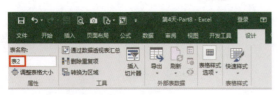

图8-4-5 查看表的名称
【实例文件名：第4天-Part8.xlsx/课时8-4】

图8-4-6 创建多重合并计算
【实例文件名：第4天-Part8.xlsx/课时8-4】

通过上面讲解的3种不同方式的多重合并计算，可以发现，对于不同格式的数据源，能够一次性将多个工作表、工作簿中的数据统一在一个透视表中进行运算，大大提升了工作效率。

多重数据列表合并计算透视表和普通透视表最大的区域就在于对数据源的要求，普通透视表对数据源的要求是非常严格的，多重合并计算相对就不那么严格。但是不严格的背后也存在着缺点，比如标题行不统一的情况下筛选出来的数据总会有部分字段缺少。

红太狼 各有利弊，不同情况下选择不同的操作方法就可以了！

课时 8-5 多重合并对透视表行字段的限制

红太狼 这几次操作多重合并透视表时总觉得不顺手，怎么回事呢？

灰太狼：那是因为多重合并的透视表和普通透视表毕竟不太一样，在部分功能上存在着限制。如图8-5-1所示这样一份数据源表，选定区域A1:G15来创建多重合并的透视表，将“值”的“计数项”改成“求和项”之后，“大类”和“品类”的求和结果就会出错。这就是多重合并透视表的一个限制：只有数据区域的第1列是“行”标签，其他的都将纳入计算范围。仔细观察数据源就会发现，应该纳入计算范围的是D2:G15的数据，其他的都不适合计算。

	A	B	C	D	E	F	G
1	分公司	大类	品类	销售额	销售折扣	销售数量	购买客数
2	上海	服装	单衣类	1002	0.44	45	10
3	上海	服装	单衣类	7048	0.34	72	77
4	上海	服装	单衣类	595	0.34	5	5
5	上海	服装	短T类	130499	0.52	1630	746
6	上海	服装	短T类	8650	0.39	83	54
7	上海	服装	夹克	3067	0.32	28	20
8	南京	服装	单衣类	6320	0.33	60	52
9	南京	服装	长裤类	4377	0.44	30	27
10	南京	服装	短裤类	178	0.22	3	3
11	南京	服装	卫衣类	41660	0.36	401	337
12	南京	服装	长裤类	7106	0.33	84	74
13	南京	服装	短裤类	12212	0.54	107	94
14	南京	服装	外套类	739	0.43	4	4
15	南京	服装	羽绒类	199	0.25	1	1

	J	K	L	M	N	O	P
1	页1	(全部)					
2							
3	求和项:值	列					
4	行	大类	品类	销售数量	购买客数	销售额	销售折扣
5	南京	0	0	871	737	91537	3.65401341
6	上海	0	0	1956	994	161736	3.33730069
7	总计	0	0	2827	1731	253273	6.9913141

图8-5-1 计算区域为A1:G15时创建多重合并透视表的效果

【实例文件名：第4天-Part8.xlsx/课时8-5】

如果要查看“品类”的数据，则在选定区域的时候选择C1:G15（图8-5-2）。

在多重合并的透视表中，选定区域的时候做一下调整是可以避免计算结果出错的情况，但是当文本值有多列的情况下，一个个重新选择区域也是比较麻烦的。这时可以使用合并文本值的方法（图8-5-3），将对应行的所有文本值通过公式合并成一个文本值。

	J	K	L	M	N
10	页1	(全部)			
11					
12	求和项:值	列			
13	行	购买客数	销售额	销售数量	销售折扣
14	单衣类	144	14965	182	1.44074
15	短T类	800	139149	1713	0.91052
16	短裤类	227	31052	281	1.34439
17	夹克	20	3067	28	0.3238
18	外套类	8	1234	9	0.74402
19	卫衣类	337	41660	401	0.35565
20	羽绒类	1	199	1	0.24906
21	长裤类	194	21947	212	1.62313
22	总计	1731	253273	2827	6.99131

图8-5-2 以区域C1:G15创建多重合并透视表

【实例文件名：第4天-Part8.xlsx/课时8-5】

H2 =A2&"/"&B2&"/"&C2

	A	B	C	D	E	F	G	H
1	分公司	大类	品类	销售额	销售折扣	销售数量	购买客数	文本合并
2	上海	服装	单衣类	1002	0.44	45	10	上海/服装/单衣类
3	上海	服装	单衣类	7048	0.34	72	77	上海/服装/单衣类
4	上海	服装	单衣类	595	0.34	5	5	上海/服装/单衣类
5	上海	服装	短T类	130499	0.52	1630	746	上海/服装/短T类
6	上海	服装	短T类	8650	0.39	83	54	上海/服装/短T类
7	上海	服装	夹克	3067	0.32	28	20	上海/服装/夹克
8	南京	服装	单衣类	6320	0.33	60	52	南京/服装/单衣类
9	南京	服装	长裤类	4377	0.44	30	27	南京/服装/长裤类
10	南京	服装	短裤类	178	0.22	3	3	南京/服装/短裤类
11	南京	服装	卫衣类	41660	0.36	401	337	南京/服装/卫衣类
12	南京	服装	长裤类	7106	0.33	84	74	南京/服装/长裤类
13	南京	服装	短裤类	12212	0.54	107	94	南京/服装/短裤类
14	南京	服装	外套类	739	0.43	4	4	南京/服装/外套类
15	南京	服装	羽绒类	199	0.25	1	1	南京/服装/羽绒类

图8-5-3　合并文本值

【实例文件名：第4天-Part8.xlsx/课时8-5】

重新排列一下数据源的顺序后，选定区域A24:E38来创建多重合并透视表（图8-5-4）。

	A	B	C	D	E
24	品类	销售额	销售折扣	销售数量	购买客数
25	上海/服装/单衣类	1002	0.44	45	10
26	上海/服装/单衣类	7048	0.34	72	77
27	上海/服装/单衣类	595	0.34	5	5
28	上海/服装/短T类	130499	0.52	1630	746
29	上海/服装/短T类	8650	0.39	83	54
30	上海/服装/夹克	3067	0.32	28	20
31	南京/服装/单衣类	6320	0.33	60	52
32	南京/服装/长裤类	4377	0.44	30	27
33	南京/服装/短裤类	178	0.22	3	3
34	南京/服装/卫衣类	41660	0.36	401	337
35	南京/服装/长裤类	7106	0.33	84	74
36	南京/服装/短裤类	12212	0.54	107	94
37	南京/服装/外套类	739	0.43	4	4
38	南京/服装/羽绒类	199	0.25	1	1

J	K	L	M	N
页1	(全部)			
求和项:值	列标签			
行标签	购买客数	销售额	销售数量	销售折扣
南京/服装/短裤类	224	30874	278	1.126517741
南京/服装/外套类	8	1234	9	0.744019219
南京/服装/卫衣类	337	41660	401	0.355645857
南京/服装/羽绒类	1	199	1	0.249061327
南京/服装/长裤类	167	17570	182	1.178769267
上海/服装/单衣类	144	14965	182	1.44074419
上海/服装/短T类	800	139149	1713	0.910524308
上海/服装/短裤类	3	178	3	0.217870257
上海/服装/夹克	20	3067	28	0.323796453
上海/服装/长裤类	27	4377	30	0.444365482
总计	1731	253273	2827	6.9913141

图8-5-4　合并文本值后创建多重合并透视表

【实例文件名：第4天-Part8.xlsx/课时8-5】

多重数据合并并不能对更多的“行”和“列”进行筛选，因此在工作中只能用来进行大范围的数据统计，而不能进行多重筛选查验。

每个功能都会存在严格的要求以及一定的限制，使用的时候结合实际情况选择更优的那个功能即可。

红太狼 有道理，根据需求选择适用的就可以！

Part 9　数据透视表函数GetPivotData

灰太狼Part 9提示：**认识GetPivotData函数的基本用法。**

🖥 课时 9-1　获取数据透视表函数公式

红太狼　这个函数好长，怎么记？

灰太狼：GetPivotData可以拆分成3部分来记忆，Get（获取）Pivot(透视表)Data（数据），这样就容易理解多了。

红太狼　我知道可以在"数据透视表工具"→"分析"→"选项"中调出这个公式。

灰 太 狼：是 的，还 可 以 在"文件"→"选项"→"公式"→"使用公式"→勾选"使用GetPivotData函数获取数据透视表引用"（图9-1-1）来调出这个函数。

图9-1-1　从Excel选项中调出GetPivotData函数

【实例文件名：第4天-Part9.xlsx/课时9-1】

红太狼　可以提前看下这个函数的作用吗？

灰太狼：先来看一个普通函数公式的例子（图9-1-2）。当在H2单元格输入"=SUM（H1:J1）"并得出结果后，在K1和L1单元格中继续输入数值，公式里的参数不会自动更新。如果要使参数自动加入后输入的数值，则必须修改公式的参数。但是在透视表中使用GetPivotData函数则可以避免这个麻烦。

图9-1-2　普通函数公式的计算效果

【实例文件名：第4天-Part9.xlsx/课时9-1】

　　如图9-1-3所示，左边的数据透视表创建好后，使用GetPivotData函数制作出右边的表格。当使用筛选功能将"品类"中的"夹克"和"外套类"数据去除后，表格中的数据也会跟着变化，这就是使用GetPivotData函数的优势。

图9-1-3　使用GetPivotData制作的表格
【实例文件名：第4天-Part9.xlsx/课时9-1】

红太狼　要好好学会这个函数，制作表格一定方便！

课时 9-2　GetPivotData函数的语法

红太狼　GetPivotData的语法是怎样的呢？

灰太狼：凡是出现在Excel中的函数，都可以按F1键在帮助中找到它对应的语法以及使用方法。在打开的Excel表格中按F1键，就会跳出对话框（如"Excel 2016帮助"），输入"GetPivotData"，然后搜索，就会跳出搜索结果（图9-2-1）。

图9-2-1　使用帮助查找函数的使用方法
【实例文件名：第4天-Part9.xlsx/课时9-2】

单击函数名称就会跳出当前函数的相关内容，包括说明、语法、备注和实例（图9-2-2）。

GetPivotData函数的参数包含3个。

- data_field：必需。包含要检索的数据的数据字段的名称，要用引号引起来。

- pivot_table：必需。是数据透视表中的任何单元格、单元格区域或命名区域的引用。此信息用于确定包含要检索的数据的数据透视表。

图9-2-2　帮助中对函数的解释
【实例文件名：第4天-Part9.xlsx/课时9-2】

- field1、item1、field2、item2：可选。描述要检索的数据的1～126个字段名称对和项目名称对。这些对可按任何顺序排列。字段名称和项目名称而非日期和数字要用引号括起来（当字段名称为日期类型时，item1参数在使用中所录入的值为数字类型，比如2016/5/1的数字类型的索引值为42491）。对于OLAP数据透视表，项目可以包含维度的源名称，也可以包含项目的源名称。

这么看说明会比较难理解，举个例子就可以很好地理解了。如图9-2-3所示，引用透视表中的数据，在H3单元格中输入"="，然后直接选中D3单元格，显示出来的公式就是GetPivotData函数公式。

图9-2-3　GetPivotData函数在透视表中的应用实例

【实例文件名：第4天-Part9.xlsx/课时9-2】

"购买件数"：对应的是第1部分的参数。

$A$1：对应的是第2部分参数。

"分公司"，"北京"，"大类"，"配件"，"品类"，"帽"：对应的是第3部分参数。

最后得出的结果就是透视表中对应位置的值288。

这里是直接调用透视表中的函数，如果手动输入公式，则有可能存在对应的值不存在的情况，这时就会返回错误值#REF!。

红太狼 看着这么长的公式，配合实例拆分再看说明就简单多了！

课时 9-3　用GetPivotData函数获取数据

红太狼 用这个函数获取数据，是不是让它直接等于透视表中的单元格就可以了？

灰太狼：这是最直接的办法，但是也要学会如何书写才行。参考语法规则和直接调用透视表中的值的公式，按图9-3-1中所示的条件尝试写一下这个函数公式。

图9-3-1　语法参考及书写公式的条件

【实例文件名：第4天-Part9.xlsx/课时9-3】

红太狼 这个简单，"=GetPivotData(H2,A1,J7,K7,J8,K8,J9,K9,J10,K10)"。

灰太狼：错了，把你这个公式放入表格会返回错误值#REF!，并且书写的错误还不止一处。

第1个错误：第1部分的参数不能直接调用单元格，而是需要调用单元格返回的值。

处理方法是选中H2然后按F9得出结果"销售原价金额"才行。

第2个错误："内衣"不属于"服装"的大类，而属于"配件"，在写公式的时候要注意各个品类的所属关系。

第3个错误：日期"2015/5/10"的格式不对。可以选择在单元格中改变日期格式，或者在公式中用DATE（2015,5,10）来修改（图9-3-2）。

图9-3-2　GetpivotData正确的书写方法

【实例文件名：第4天-Part9.xlsx/课时9-3】

红太狼　原来容易出错的地方还是蛮多的，下次要更仔细才好！

课时 9-4　自动汇总动态数据透视表

红太狼　如何自动汇总动态数据透视表呢？

灰太狼：这里就要用到刚学的GetPivotData函数。已经学过的用法是满足一组条件，调出透视表中的数值，既然要汇总，那肯定是要满足至少两组条件。如图9-4-1所示的这样两组条件，用已经学过的方法来书写公式，肯定需要分成两个公式分别书写（参见图9-4-2）。但如果需要这两组条件汇总呢？

	J	K	L	M	N	O	P	Q	R	S
2	GETPIVOTDATA(计算类型,汇总选中字段的总值,字段条件1,字段条件1下的子品类,字段条件2,字段条件2下的子品类)									
3	=GETPIVOTDATA(" 销售原价金额",$A$1,"分公司","北京","大类","配件","品类","袜")									
4										
5	条件	子名称			条件	子名称				
6	分公司	北京			分公司	上海				
7	大类	配件			大类	配件				
8	品类	内衣			品类	内衣				
9	日历天	2015/1/1			日历天	2015/1/1				

图9-4-1　满足两组条件

【实例文件名：第4天-Part9.xlsx/课时9-4】

	J	K	L	M	N	O	P	Q	R	S
2	GETPIVOTDATA(计算类型,汇总选中字段的总值,字段条件1,字段条件1下的子品类,字段条件2,字段条件2下的子品类)									
3	=GETPIVOTDATA(" 销售原价金额",$A$1,"分公司","北京","大类","配件","品类","袜")									
4										
5	条件	子名称			条件	子名称				
6	分公司	北京			分公司	上海				
7	大类	配件			大类	配件				
8	品类	内衣			品类	内衣				
9	日历天	2015/1/1			日历天	2015/1/1				
10										
11	297	=GETPIVOTDATA(" 销售原价金额",B1,J6,K6,J7,K7,J8,K8,J9,K9)								
12	89	=GETPIVOTDATA(" 销售原价金额",B1,M6,N6,M7,N7,M8,N8,M9,N9)								

图9-4-2　满足两组条件的公式

【实例文件名：第4天-Part9.xlsx/课时9-4】

红太狼　用SUM把两个公式加起来就可以了。

灰太狼：这是比较直接的一个方法，按图9-4-2这样将两个公式写完后，再用SUM加起来，那这个公式写得也太长了。

公式写得太长，一旦出错，查找问题的时候就会比较麻烦，其实我们可以适当简化一下这个公式。两组条件，只有"分公司"的条件是不同的，其余都一样，把两个分公司写在一起，并用{}组合起来，这样得出的结果将是两个数值。

但是在表格中计算的结果还是一个数值，原因是公式中使用了数组公式。选中公式后按F9键得出的结果就是两个数值（图9-4-3）。用SUM可以对数组进行求和。

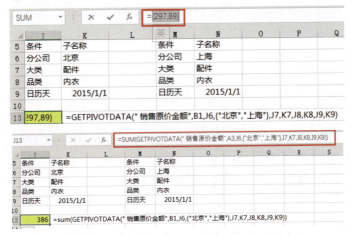

图9-4-3　用数组简化公式

【实例文件名：第4天-Part9.xlsx/课时9-4】

写完公式再来检验一下结果，按两个条件分别筛选一下透视表，看下对应的数值是否正确。

红太狼 我刚筛选"北京"，J12和J13的公式就变成了错误值（图9-4-4）是怎么回事？

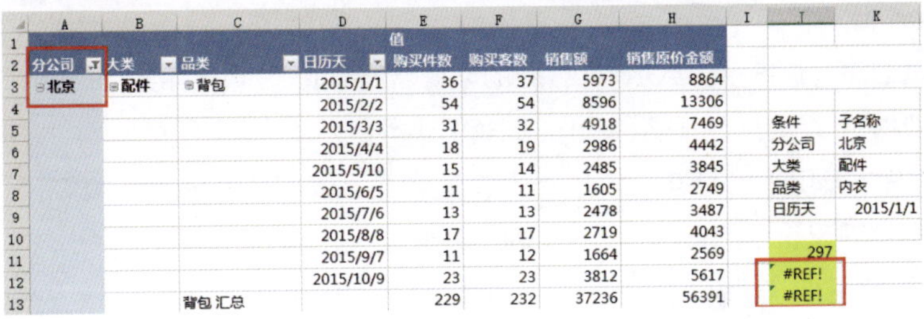

图9-4-4　筛选透视表后公式返回错误值

【实例文件名：第4天-Part9.xlsx/课时9-4】

灰太狼：调用透视表数值的这个公式有一定的局限性，所有被调用的数值必须可见，必须有满足条件的值，否则将出错。用这个函数调用数值确实挺方便的，想要什么条件直接输入即可，但也要满足它的要求才行。

红太狼 确实，好用的功能都有它的条件！

课时 9-5　G函数与IF函数联合使用

红太狼：什么是G函数？

灰太狼：G函数就是我们对GetPivotData函数的简称。

红太狼：那G函数和IF函数怎么联合使用？

灰太狼：在G函数返回错误值的时候，就需要G函数和IF函数联合使用。像2016版Excel或者其他高版本的Excel中，用到较多的是IFERROR函数；低版本的Excel中没有这个函数，用到的就是IF函数。

在高版本Excel中使用IFERROR函数。像前面的实例（图9-4-4）中，筛选透视表，公式就返回错误值，在这种情况下，需要用到容错的IFERROR公式（图9-5-1）。

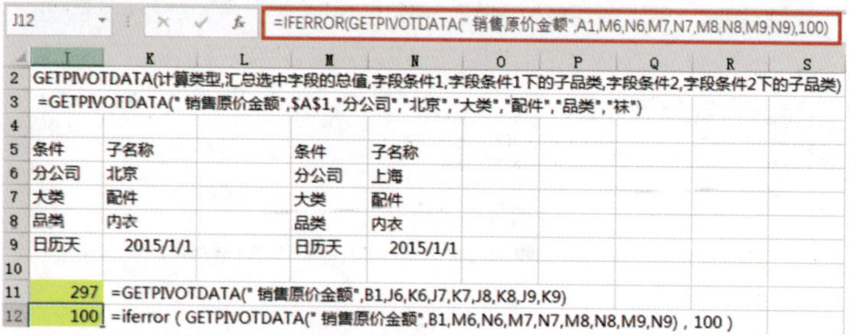

图9-5-1　IFERROR函数和G函数联合使用

【实例文件名：第4天-Part9.xlsx/课时9-5】

这个函数的用法较简单，IFERROR(value, value_if_error)，两个参数都为必需。

- value：检查是否存在错误的参数。
- value_if_error：公式的计算结果错误时返回的值。计算的错误类型有#N/A、#VALUE!、#REF!、#DIV/0!、#NUM!、#NAME? 或 #NULL!。

在较低版本中，要用到IF函数和ISERROR函数。

ISERROR函数用于检查某个值是否为错误，并且返回 TRUE 或 FALSE。

IF函数的语法是IF（logical_test, value_if_true, [value_if_false]）。

- logical_test：要测试的条件。
- value_if_true：结果为TRUE时希望返回的值。
- value_if_false：结果为FALSE时希望返回的值。

由于两个函数的语法要求，在这个实例中，IF函数、ISERROR函数和G函数，3个函数联合使用写出来的公式就会比较长（图9-5-2），括号也比较多，很容易漏掉。为了防止出错，建议从中间往外写公式，先写好G函数，接着加上SUM函数,然后写ISERROR函数，最后写IF函数。

图9-5-2　IF函数和G函数联合使用

【实例文件名：第4天-Part9.xlsx/课时9-5】

IF函数和G函数的联合使用，只能让返回的错误值显示成指定的值，并不会改变原来公式的结果。调用透视表的数值需要注意两点：有满足条件的数值，而且那个数值可见。

红太狼　会写很长的公式感觉很厉害的样子！

课时 9-6　同时引用多个字段进行计算

红太狼　用多个字段进行计算不是已经学过了？

灰太狼：之前学习到的是引用同一个透视表中的多个字段，这里讲到的是不同透视表中的多个字段，原理都一样：找准透视表的位置，再找准字段在透视表中的层级位置即可。同样，找个实际的例子来讲解一下就很容易明白了。例如图9-6-1这样一份数据源表，要用GetPivotData来计算

图9-6-1　数据源

【实例文件名：第4天-Part9.xlsx/课时9-6】

"数据透视表1中所有配件的购买件数和数据透视表2中所有鞋的销售额之和"。

第1步：分清楚"数据透视表1"和"数据透视表2"。选中透视表区域内的单元格→右键→"数据透视表选项"，在顶部就可以看到数据透视表的名称。区分出左边的表为"数据透视表1"，右边的为"数据透视表2"。透视表左上角的A1和G1代表了透视表的位置。

第2步：得出各个透视表中的和。"数据透视表1中所有配件的购买件数"参考前面学习的参数顺序写，得到的结果会出错（图9-6-2）。

出错的原因是层级关系出错。虽然已选择"大类"中的"配件"，但是并没有指明

是哪个分公司中的配件。正确的层级关系下的写法如图9-6-3所示。其中{"北京","南京","上海","义乌"}采用数组的方式，结合SUM来给这组数求和。

图9-6-2 公式的错误写法
【实例文件名：第4天-Part9.xlsx/课时9-6】

图9-6-3 "数据透视表1中所有配件的购买件数"公式
【实例文件名：第4天-Part9.xlsx/课时9-6】

同理，"数据透视表2中所有鞋的销售额"公式如图9-6-4所示。

在这个公式中，4个分公司理应对应4个大类，由于对应的都是"配件"和"鞋"，因此可以省略只写一个。

第3步：写成一个公式。最直接的方法就是将两个公式相加，即可得到结果（图9-6-5）。

图9-6-4 "数据透视表2中所有鞋的销售额"公式
【实例文件名：第4天-Part9.xlsx/课时9-6】

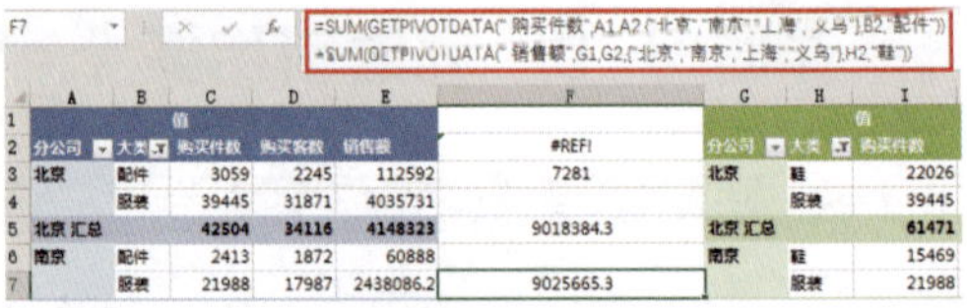

图9-6-5 最后的结果
【实例文件名：第4天-Part9.xlsx/课时9-6】

红太狼 看来写公式也是有套路可寻的！

课时 9-7 透视表函数的缩写方法

红太狼 之前用数组把"分公司"写在一起还不算缩写吗？

灰太狼：当然算！只不过还可以再进行缩写（图9-7-1），这里继续缩写将要打破前几次一直强调的语法顺序。要继续缩写函数，在语法顺序使用很流畅的情况才行。

在缩写函数之前，先按常规的语法顺序写出这个公式（图9-7-2），同理可得出其余几项折扣的公式。如果想用拖动的方法把第1个公式填充入其余的单元格，那就需要在公式中用到绝对值，这里就不仔细讲解了。

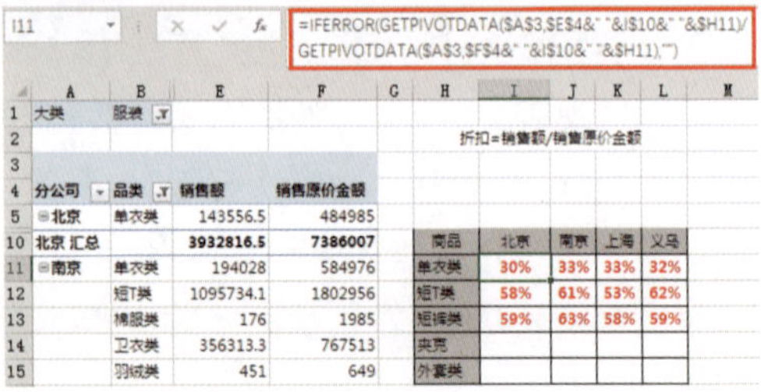

加上绝对值和容错之后的完整公式如图9-7-3所示。

图9-7-1 缩写后的公式
【实例文件名：第4天-Part9.xlsx/课时9-7】

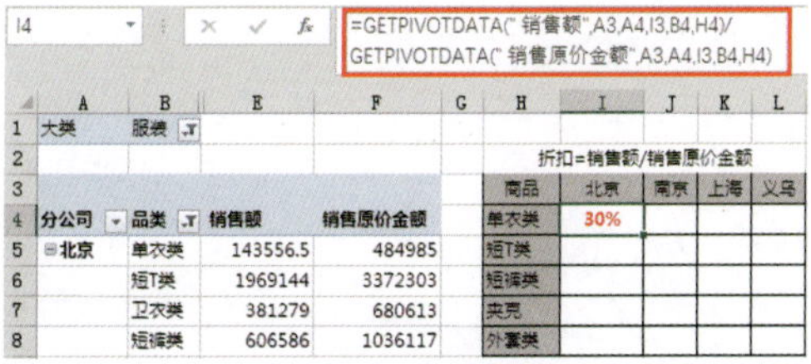

图9-7-2 按常规语法写出的公式
【实例文件名：第4天-Part9.xlsx/课时9-7】

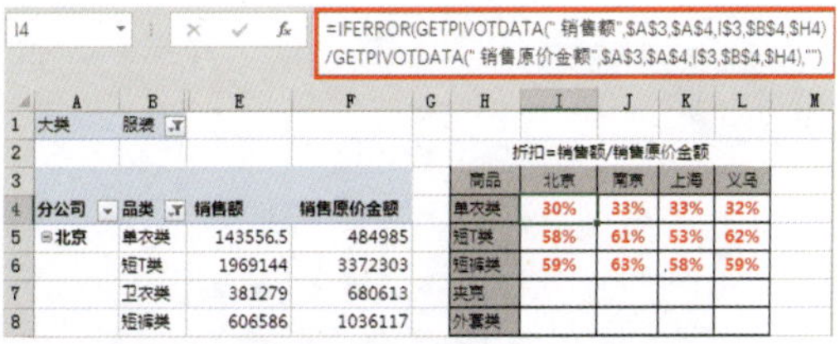

图9-7-3 加上绝对值和容错之后得出的公式
【实例文件名：第4天-Part9.xlsx/课时9-7】

仔细观察简化后的公式，可以发现，GetPivotData的参数变成了2个（图9-7-4）。

第1个参数"A3"很好理解，就是透视表的位置。

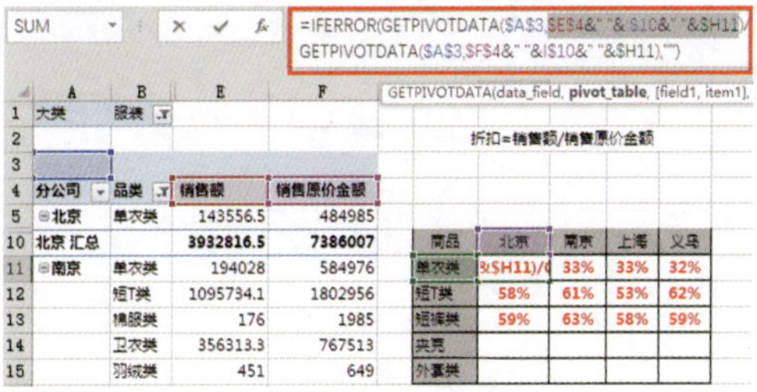

图9-7-4 简化后的公式参数变成了2个
【实例文件名：第4天-Part9.xlsx/课时9-7】

第2个参数直接看不明白的话，可以选中，然后按F9键，就可以看到第2个参数是"销售额 北京 单衣类"（图9-7-5）。把原来的语法中的"计算类型"和替换"字段类型"的空格以及"字段条件下的子品类"用"&"连接成一个参数，简化了公式。

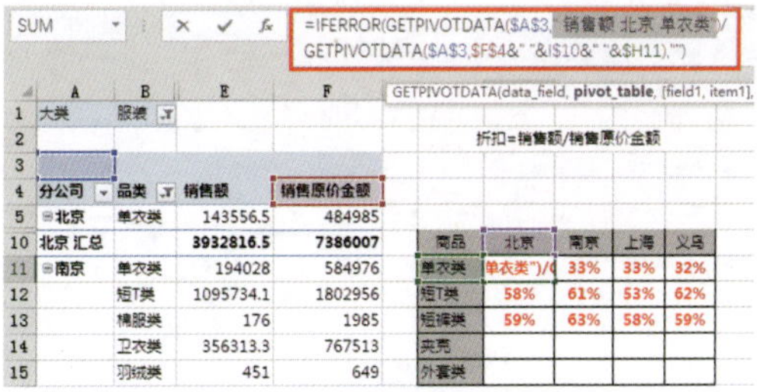

图9-7-5 简化后公式的第2个参数值
【实例文件名：第4天-Part9.xlsx/课时9-7】

简化后的公式和简化前一样，如果对数据透视表进行筛选，需要求值的字段在数据透视表中不可见的话，那么公式就会出错。为了保证公式的准确性，调用数据透视表函数的时候，尽量不要筛选透视表字段。

红太狼 简化后的公式很好理解，不过还是先写好常规的公式再来简化！

75

灰太狼：要想有所成就，首先学会接受失败！

第一，创建动态数据透视表。

① 认识offset函数的用法；

② 创建动态数据透视表——定义名称法；

③ 创建动态数据透视表——使用表功能。

第二，创建多重合并的数据透视表。

① 创建单页字段的多重合并透视表；

② 创建自定义的字段；

③ 不同工作簿的合并计算。

第三，数据透视表中的函数GetPivotData。

① 了解GetPivotData函数的语法；

② 与IF函数的结合使用；

③ 缩写的方法。

对于新手而言，动态数据透视表再难也要学会，它对我们提高工作效率很
有帮助！

第5天
The Fifth Day

今天讲解如何在数据透视表中执行计算，必须结合实例来分辨其中的不同之处，当然，如果能反复练习那是最好的。

Part 10　在数据透视表中执行计算项

灰太狼Part 10提示：**深入认识透视表的计算方式！**

📖 课时 10-1　计算字段方式的3种调出功能

红太狼〈这个功能在"数据透视表工具"的"分析"选项卡中有。

灰太狼：是的。

第1种调出方式：选中数据透视表区域的任意"值"区域单元格→"数据透视表工具"→"分析"→"活动字段"→"字段设置"（图10-1-1）。

图10-1-1　计算字段的第1种调出方式

【实例文件名：第5天-Part10.xlsx/课时10-1】

第2种方式：双击"值"区域的活动字段（图10-1-2）。如果双击"行"区域的活动字段，则调出的是"字段设置"，而不是"值字段设置"。

第3种方式：选中"值"区域的任意单元格→右键→"值字段设置"（图10-1-3）。在这里可以看到"值字段设置"中的"值汇总依据"和"值显示方式"已经被单独列出来，放到右键功能菜单中，这样对值的各种设置就更方便了。

分公司	销售量	销售额	销售客数
北京	64530	8124635	54128
南京	39870	5042436	34208
上海	18506	2169369	12442
义乌	27422	3173362	20862
总计	150328	18509802	121640

图10-1-2　计算字段的第2种调出方式　　图10-1-3　计算字段的第3种调出方式

【实例文件名：第5天-Part10.xlsx/课时10-1】

单击"数据透视表工具"→"分析"→"计算"→"字段、项目和集"→"计算字段"（图

10-1-4），这里"计算字段"的功能和"值字段设置"中的功能是有区别的。前者只对"值"字段进行计算，如图10-1-5所示。要在透视表中插入"平均单价"，就必须调出"计算字段"的功能并书写公式，再"确定"即可。这项功能的具体用法在后面讲解。

图10-1-4　字段、项目和集中的计算字段　　图10-1-5　插入计算字段"平均单价"

【实例文件名：第5天-Part10.xlsx/课时10-1】

红太狼　这些调出功能的方法最好记，看一下就记住了！

课时 10-2　对同一字段使用多种汇总方式

红太狼　"多种汇总方式"究竟有多少种呢？

灰太狼：　"值汇总方式"总共有11种，下面逐一讲解每一种的效果。先插入一个数据透视表，现在"值"区域有一个"销售量"，后面还可以根据需求插入多个"销售量"（图10-2-1）。

分公司	求和项:销售量	求和项:销售量2	求和项:销售量3	求和项:销售量4	求和项:销售量5
北京	64530	64530	64530	64530	64530
南京	39870	39870	39870	39870	39870
上海	18506	18506	18506	18506	18506
义乌	27422	27422	27422	27422	27422
总计	150328	150328	150328	150328	150328

图10-2-1　同一字段在透视表中放入多个

【实例文件名：第5天-Part10.xlsx/课时10-2】

　　对同一字段使用多种汇总方式的前提是在透视表的"值"区域放入多个同一字段。

　　第1种：求和。在透视表中使用频率较高的一种汇总方式。一般在数据源符合标准的前提下，插入"值"区域的字段默认的汇总方式就是"求和"。

　　第2种：计数。当放入"值"区域的字段是文本或者数值不全等情况下，透视表默认的汇总方式为"计数"，代表值出现的次数，文本也会被计算在内。要修改汇总方式很简单：调出"值字段设置"对话框→"值汇总方式"→修改"计算类型"即可（图10-2-2）。

　　第3种：平均值。求北京销售量的平均值，相当于在数据源中从分公司中筛选北京，然后选中G列，在表格底部自动得出的"平均值"（图10-2-3）。

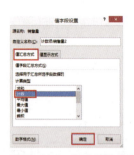

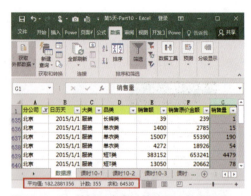

图10-2-2　修改值汇总方式

【实例文件名：第5天-Part10.xlsx/课时10-2】

图10-2-3　数据源中通过筛选得出的平均值

【实例文件名：第5天-Part10.xlsx/数据源】

第4种：最大值。北京销售量的最大值，相当于在数据源中从分公司中筛选北京，然后点开G1单元格的下拉框，导航条拉至最底部的那个数值（最大值）。

第5种：最小值。北京销售量的最小值，相当于在数据源中从分公司中筛选北京，然后点开G1单元格下拉框的第1个数值（最小值）。

第6种：乘积。乘积是将所有的值相乘，因此包含0的最后的结果就是0。出现#NUM!的原因是相乘的结果太大(图10-2-4)。

第7种：数值计数。这个汇总方式和“计数”的区别是，“数值计数”只计数数值，不含文本等其他类型；而“计数”则包含其他类型。实例中的“计数”和“数值计数”的结果一样（图10-2-5），是因为活动字段“销售量”中都是数值，没有文本等其他类型。

分公司	求和项:销售量	计数项:销售量2	平均值项:销售量3	最大值项:销售量4	最小值项:销售量5	乘积项:销售量6
北京	64530	354	182	4652	-1	#NUM!
南京	39870	465	86	3318	0	0
上海	18506	315	59	1630	-2	0
义乌	27422	318	86	4524	-4	0
总计	150328	1452	104	4652	-4	#NUM!

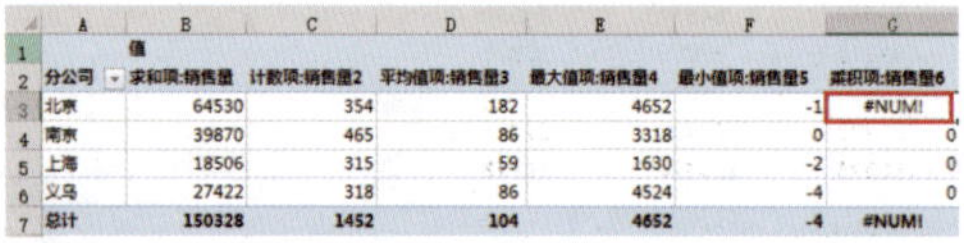

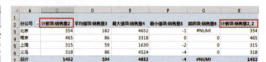

图10-2-4　汇总方式乘积

【实例文件名：第5天-Part10.xlsx/课时10-2】

分公司	计数项:销售量2	平均值项:销售量3	最大值项:销售量4	最小值项:销售量5	乘积项:销售量6	计数项:销售量2_2
北京	354	182	4652	-1	#NUM!	354
南京	465	86	3318	0	0	465
上海	315	59	1630	-2	0	315
义乌	318	86	4524	-4	0	318
总计	1452	104	4652	-4	#NUM!	1452

图10-2-5　“计数”和“数值计数”结果一样

【实例文件名：第5天-Part10.xlsx/课时10-2】

剩余4种“值汇总方式”：标准偏差、总体标准偏差、方差、总体方差（图10-2-6），在日常中较少用到，这里就不举例了。

红太狼　这里都是基础知识，挺容易懂的！

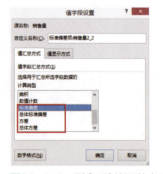

图10-2-6　剩余4种值汇总方式

【实例文件名：第5天-Part10.xlsx/课时10-2】

课时 10-3 “总计的百分比”值显示方式

红太狼 “总计的百分比”这个要怎么理解呢？

灰太狼： 首先看下透视表中通过操作实现“总计的百分比”的方法。调出“值字段设置”对话框→“值显示方式”→“总计的百分比”→设置“数字格式”→“确定”（图10-3-1）。

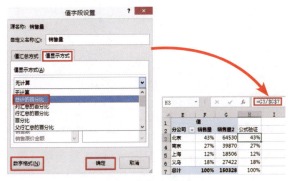

图10-3-1 “总计的百分比”设置方法

【实例文件名：第5天-Part10.xlsx/课时10-3】

从最后得出的结果可以看到，“总计的百分比”，顾名思义就是各个分公司的销售量占总计的百分比，如果用公式来验证就是G3/G7（北京的销售量/总计的销售量）。各个分公司的占比最后相加等于100%。以后就算在“分公司”后面再加入“大类”（图10-3-2），最后销售量的占比相加还是100%。

红太狼 有了“值显示方式”，计算百分比就不用一个个除了！

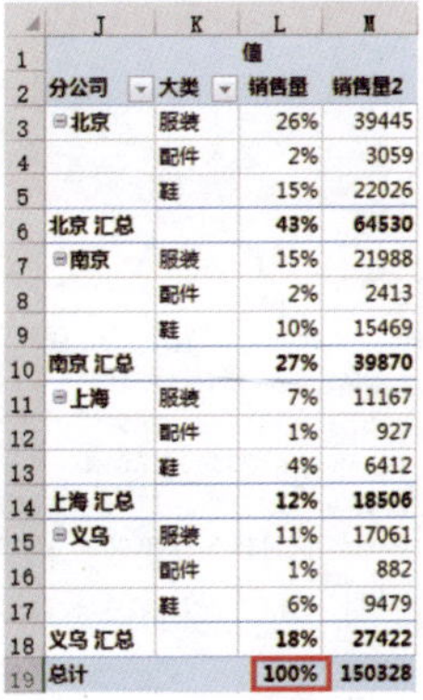

	J	K	L	M
1			值	
2	分公司	大类	销售量	销售量2
3	⊟北京	服装	26%	39445
4		配件	2%	3059
5		鞋	15%	22026
6	北京 汇总		43%	64530
7	⊟南京	服装	15%	21988
8		配件	2%	2413
9		鞋	10%	15469
10	南京 汇总		27%	39870
11	⊟上海	服装	7%	11167
12		配件	1%	927
13		鞋	4%	6412
14	上海 汇总		12%	18506
15	⊟义乌	服装	11%	17061
16		配件	1%	882
17		鞋	6%	9479
18	义乌 汇总		18%	27422
19	总计		100%	150328

图10-3-2 加入“大类”后总计的百分比

【实例文件名：第5天-Part10.xlsx/课时10-3】

课时 10-4 “列/行汇总的百分比”值显示方式

红太狼 “列/行汇总的百分比”是不是各列/行在汇总中的占比？

灰太狼： 可以这么理解，不过为了加深印象，举个例子比较好记一些。例如图10-4-1这样一份透视表，在不知道“值显示方式”的情况下，要计算各“大类”中每个分公司的销售量占总计的百分比，肯定要使用公式。

在这里直接设置"值显示方式"为"列汇总的百分比"即可（图10-4-2），所以"列汇总的百分比"的意思就是在一列数据中，各个数值占最后一个汇总值的百分比。

图10-4-1　使用公式计算占比
【实例文件名：第5天-Part10.xlsx/课时10-4】

图10-4-2　列汇总的百分比操作对话框
【实例文件名：第5天-Part10.xlsx/课时10-4】

另外，在透视表中使用"列汇总的百分比"功能还很便捷，在有多个列标签的情况下，设置一次就可以得出所有列的占比（图10-4-3）。

同理可以得出，"行汇总的百分比"就是在一行数据中，各个数值占最后一个汇总值的百分比。在这个透视表中，"行汇总的百分比"的意思就是在北京分公司的销售量中，各"大类"的销售量占北京总销售量的百分比。使用"行汇总的百分比"得出结果如图10-4-4所示。

求和项:销售量	大类			
分公司	服装	配件	鞋	总计
北京	43.99%	42.01%	41.26%	42.93%
南京	24.52%	33.14%	28.98%	26.52%
上海	12.45%	12.73%	12.01%	12.31%
义乌	19.03%	12.11%	17.76%	18.24%
总计	100.00%	100.00%	100.00%	100.00%

图10-4-3　使用"列汇总的百分比"
得出的结果
【实例文件名：第5天-Part10.xlsx/课时10-4】

求和项:销售量	大类			
分公司	服装	配件	鞋	总计
北京	61.13%	4.74%	34.13%	100.00%
南京	55.15%	6.05%	38.80%	100.00%
上海	60.34%	5.01%	34.65%	100.00%
义乌	62.22%	3.22%	34.57%	100.00%
总计	59.64%	4.84%	35.51%	100.00%

图10-4-4　使用"行汇总的百分比"
得出的结果
【实例文件名：第5天-Part10.xlsx/课时10-4】

红太狼　果然和我想的一样，好用又好记！

课时 10-5　"百分比"值显示方式

红太狼　这里的"百分比"是设置单元格格式时的那个百分比吗？

灰太狼：不是，这里的百分比不仅仅是一种格式，还包含计算方式。调出方式：选中"求和项：销售量"→右键→"值显示方式"→"百分比"（图10-5-1）。

图10-5-1　"百分比"值显示方式

【实例文件名：第5天-Part10.xlsx/课时10-5】

实例数据透视表的"行"标签只有分公司，"基本字段"中也只有分公司一个字段，而"基本项"有6项可以选择，包括默认的"上一个""下一个"和4个分公司。

① 当"基本项"选择"上一个"时，用公式表示就是：当前值/上一个值。第1个值"北京的销售量"没有上一个值，故当前值/当前值，结果为100%（图10-5-2）。

② 当"基本项"选择"下一个"时，用公式表示就是：当前值/下一个值。最后一个值"义乌的销售量"没有下一个值，故当前值/当前值，结果为100%（图10-5-3）。

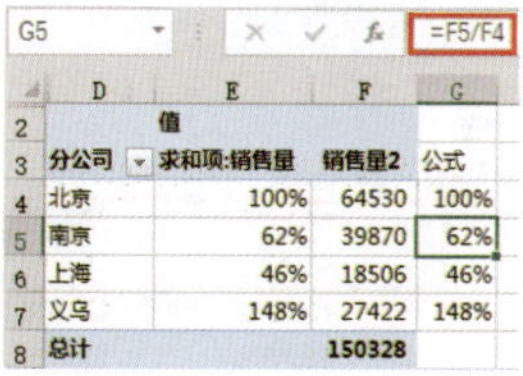

图10-5-2　"基本项"选择"上一个"时

【实例文件名：第5天-Part10.xlsx/课时10-5】

图10-5-3　"基本项"选择"下一个"时

【实例文件名：第5天-Part10.xlsx/课时10-5】

图10-5-4　"基本项"选择"北京"时

【实例文件名：第5天-Part10.xlsx/课时10-5】

③ 当"基本项"选择"北京"时，用公式表示就是：当前值/北京的销售量。第1个值就是"北京的销售量"，故当前值/北京的销售量，结果为100%（图10-5-4）。"基本项"选择"南京""上海""义乌"时同理。

这个"值显示方式"用到的机会较少，但是在计算递增日期的涨跌比时，用这个功能会比较方便。如图10-5-5所示，将"日历天"放至"行"标签的时候，就可以用"百分比"显示方式，"基本项"选择"上一个"来计算随着日期的递增，销售量涨跌的情况。当百分比大于100%时，就可以知道，对比上一个日期，销售量在增加。

图10-5-5　"基本项"选择"上一个"时的实际应用

【实例文件名：第5天-Part10.xlsx/课时10-5】

红太狼 这里的例子"行"标签只有一个字段，如果有两个字段呢？

灰太狼： "行"标签中有两个字段时，"基本字段"选择分公司，"基本项"选择北京，各分公司对应大类的销售量/北京对应大类的销售量，对应的值——相除（图10-5-6）。

图10-5-6 两个"行"标签

【实例文件名：第5天-Part10.xlsx/课时10-5】

红太狼 原来"百分比"的值显示方式是这么使用的！

课时 10-6 "父行/父列汇总的百分比"显示方式

红太狼 "父行/父列汇总的百分比"和"行/列汇总的百分比"有什么不同？

灰太狼： "父行"是纵向计算，"行"是横向计算；"父列"是横向计算，"列"是纵向计算。

当"行"标签只有一个字段时，两者的效果是一样的。当"行"标签的字段不止一个时，两者的区别就很明显了。

在图10-6-1中，"父行汇总的百分比"是当前值/上一级的汇总值。即各大类的销售量/各分公司销售量，各分公司的销售量/总计的销售量。每个分公司中大类的百分比相加为100%，每个分公司汇总值的百分比相加为100%。

"列汇总的百分比"则是当前销售量/总计的销售量。所有值的百分比相加为100%。

		值	
分公司	大类	父行汇总的百分比	列汇总的百分比
北京	服装	64.17%	27.57%
	鞋	35.83%	15.40%
北京 汇总		42.97%	42.97%
南京	服装	58.70%	15.37%
	鞋	41.30%	10.81%
南京 汇总		26.19%	26.19%
上海	服装	63.52%	7.81%
	鞋	36.48%	4.48%
上海 汇总		12.29%	12.29%
义乌	服装	64.28%	11.93%
	鞋	35.72%	6.63%
义乌 汇总		18.55%	18.55%
总计		100.00%	100.00%

图10-6-1 "父行汇总的百分比"和"列汇总的百分比"的区别

【实例文件名：第5天-Part10.xlsx/课时10-6】

图10-6-2中的"父列汇总的百分比"也是当前值/上一级的汇总值。即各品类的销售量/各大类的销售量，各大类的销售量/总计的销售量。每个大类中的品类的百分比相加为100%，每个大类的百分比相加为100%。

"行汇总的百分比"则是当前销售量/总计的销售量。所有值的百分比相加为100%。

总结一下："父行汇总的百分比"和"列汇总的百分比"

① 相同点：汇总值的百分比相加都是100%。

17	父列汇总的百分比	大类	品类						
		A	B	C	D	E	F	G	H	I
18		配件			配件 汇总	鞋			鞋 汇总	总计
19	分公司		背包	多功能包		跑鞋	健身鞋	时装鞋		
20	北京		100.00%	0.00%	2.42%	92.15%	0.06%	7.79%	97.58%	100.00%
21	上海		48.73%	51.27%	5.51%	95.12%	0.24%	4.65%	94.49%	100.00%
22	总计		76.29%	23.71%	3.26%	92.94%	0.11%	6.95%	96.74%	100.00%
23										
24	行汇总的百分比	大类	品类						
25		配件			配件 汇总	鞋			鞋 汇总	总计
26	分公司		背包	多功能包		跑鞋	健身鞋	时装鞋		
27	北京		2.42%	0.00%	2.42%	89.92%	0.06%	7.60%	97.58%	100.00%
28	上海		2.68%	2.82%	5.51%	89.88%	0.22%	4.39%	94.49%	100.00%
29	总计		2.49%	0.77%	3.26%	89.91%	0.11%	6.72%	96.74%	100.00%

图10-6-2　"父列汇总的百分比"和"行汇总的百分比"的区别

【实例文件名：第5天–Part10.xlsx/课时10-6】

② 不同点：前者大类中的占比相加为100％，后者不是；后者所有百分比相加是100％，前者不是。

"父列汇总的百分比"和"行汇总的百分比"

① 相同点：汇总值的百分比相加都是100％。

② 不同点：前者品类中的占比相加为100％，后者不是；后者所有百分比相加是100％，前者不是。

红太狼　一下横向计算，一下纵向计算，很容易弄错，需要多练习几次才行！

课时 10-7　"父级汇总的百分比"数据显示方式

红太狼　"父级汇总的百分比"和"父行汇总的百分比"又有什么区别呢？

灰太狼：前者可以选择"基本字段"，后者不行（参见图10-7-1）。

"父行汇总的百分比"中，汇总行不是100％，而是占总计的百分比（图10-7-2）。

"基本字段"如果选择"大类"，在没有下一级字段时，占比都为100％；下一级字段加得越多，可以选择的"基本字段"也越多。

红太狼　这几个显示方式容易弄混，记不清的时候试一下效果就能找到想要的！

图10-7-1　"父级汇总的百分比"可选择的基本字段

【实例文件名：第5天–Part10.xlsx/课时10-7】

	A	B	C	D	E
1			值		
2	分公司	大类	父行汇总	父级汇总分公司	父级汇总大类
3	⊟北京	服装	61.13%	61.13%	100.00%
4		配件	4.74%	4.74%	100.00%
5		鞋	34.13%	34.13%	100.00%
6	北京 汇总		42.93%	100.00%	
7	⊟南京	服装	55.15%	55.15%	
8		配件	6.05%	6.05%	
9		鞋	38.80%	38.80%	
10	南京 汇总		26.52%	100.00%	
11	⊟上海	服装	60.34%	60.34%	
12		配件	5.01%	5.01%	
13		鞋	34.65%	34.65%	
14	上海 汇总		12.31%	100.00%	
15	⊟义乌	服装	62.22%	62.22%	
16		配件	3.22%	3.22%	
17		鞋	34.57%	34.57%	
18	义乌 汇总		18.24%	100.00%	
19	总计		100.00%		

图10-7-2　父级汇总的百分比和父行汇总的区别

【实例文件名：第5天–Part10.xlsx/课时10-7】

课时 10-8   "差异"值显示方式

红太狼 "差异"，顾名思义就是要两个值相减？

灰太狼：是的，通过一定的条件让两个值相减，来比较大小。"差异"和"百分比"很类似，一个是相减，一个是相除，设置原理都一样，都可以选择"基本字段"和"基本项"（图10-8-1）。

图10-8-1   差异的设置对话框
【实例文件名：第5天-Part10.xlsx/课时10-8】

当选择"基本字段"为分公司，"基本项"为北京时，"差异"的计算公式是：各分公司中大类的销售量−北京分公司中对应大类的销售量（图10-8-2）。

当选择"基本字段"为大类、"基本项"为服装时，"差异"的计算公式是：各分公司中的其他大类的销售量−各分公司中的服装销售量（图10-8-3）。

F7		fx	=E7-E3	
	A	B	C	E	F
1			值		
2	分公司	大类	差异 分公司 北京	销售量	差异 分公司 北京
3	⊟北京	服装		39445	
4		配件		3059	
5		鞋		22026	
6	北京 汇总			64530	
7	⊟南京	服装	-17457	21988	-17457
8		配件	-646	2413	-646
9		鞋	-6557	15469	-6557
10	南京 汇总		-24660	39870	-24660
11	⊟上海	服装	-28278	11167	-28278
12		配件	-2132	927	-2132
13		鞋	-15614	6412	-15614
14	上海 汇总		-46024	18506	-46024
15	⊟义乌	服装	-22384	17061	-22384
16		配件	-2177	882	-2177
17		鞋	-12547	9479	-12547
18	义乌 汇总		-37108	27422	-37108
19	总计			150328	

图10-8-2   选择分公司北京时的差异计算公式
【实例文件名：第5天-Part10.xlsx/课时10-8】

G4		fx	=E4-$E$3		
	A	B	C	D	E	G
1			值			
2	分公司	大类	差异 分公司 北京	差异 大类 服装	销售量	差异 大类 服装
3	⊟北京	服装			39445	
4		配件		-36386	3059	-36386
5		鞋		-17419	22026	-17419
6	北京 汇总				64530	
7	⊟南京	服装	-17457		21988	
8		配件	-646	-19575	2413	-19575
9		鞋	-6557	-6519	15469	-6519
10	南京 汇总		-24660		39870	
11	⊟上海	服装	-28278		11167	
12		配件	-2132	-10240	927	-10240
13		鞋	-15614	-4755	6412	-4755
14	上海 汇总		-46024		18506	
15	⊟义乌	服装	-22384		17061	
16		配件	-2177	-16179	882	-16179
17		鞋	-12547	-7582	9479	-7582
18	义乌 汇总		-37108		27422	
19	总计				150328	

图10-8-3   选择大类服装时的差异计算公式
【实例文件名：第5天-Part10.xlsx/课时10-8】

红太狼 这个简单，相当于复习"百分比"的计算公式！

课时 10-9   "差异百分比"值显示方式

红太狼 "差异百分比"是在"差异"的基础上再除以被减数？

灰太狼：就计算公式来说，是这样的。"差异百分比"和"差异"一样，可以选择"基本字段"和"基本项"（图10-9-1）。

图10-9-1   差异百分比的设置对话框
【实例文件名：第5天-Part10.xlsx/课时10-9】

当选择"基本字段"为分公司、"基本项"为北京时，"差异百分比"的计算公式：（各分公司大类的销售量-北京分公司对应大类的销售量）/北京分公司对应大类的销售量（图10-9-2）。

当选择“基本字段”为大类、“基本项”为服装时，“差异百分比”的计算公式是：（各分公司中的其他大类的销售量-各分公司中的服装销售量）/各分公司中的服装销售量（图10-9-3）。

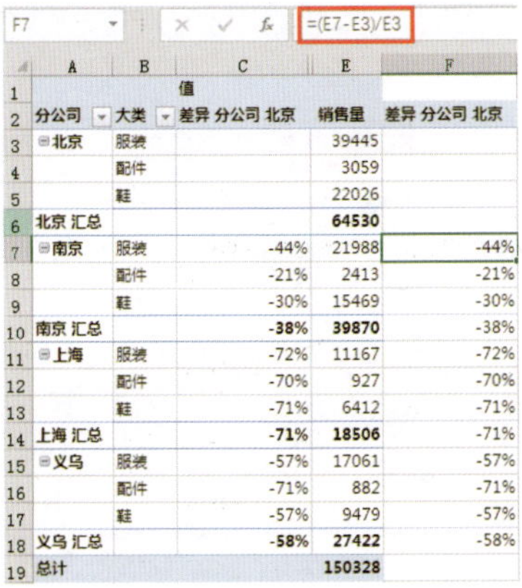

F7 =(E7-E3)/E3

分公司	大类	差异 分公司 北京	销售量	差异 分公司 北京
北京	服装		39445	
	配件		3059	
	鞋		22026	
北京 汇总			64530	
南京	服装	-44%	21988	-44%
	配件	-21%	2413	-21%
	鞋	-30%	15469	-30%
南京 汇总		-38%	39870	-38%
上海	服装	-72%	11167	-72%
	配件	-70%	927	-70%
	鞋	-71%	6412	-71%
上海 汇总		-71%	18506	-71%
义乌	服装	-57%	17061	-57%
	配件	-71%	882	-71%
	鞋	-57%	9479	-57%
义乌 汇总		-58%	27422	-58%
总计			150328	

图10-9-2 选择分公司北京时的差异百分比计算公式

【实例文件名：第5天-Part10.xlsx/课时10-9】

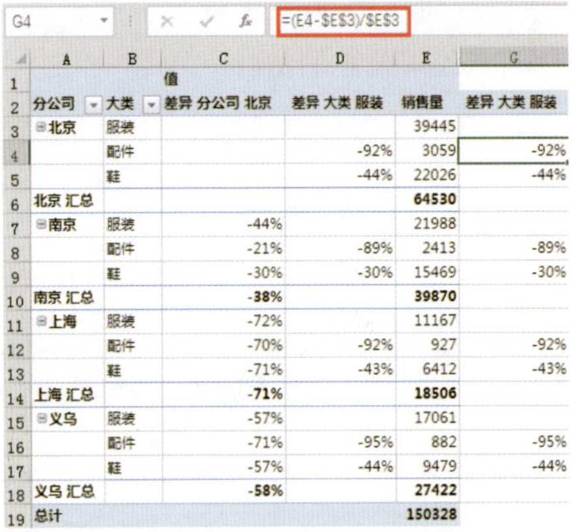

G4 =(E4-$E$3)/$E$3

分公司	大类	差异 分公司 北京	差异 大类 服装	销售量	差异 大类 服装
北京	服装			39445	
	配件		-92%	3059	-92%
	鞋		-44%	22026	-44%
北京 汇总				64530	
南京	服装	-44%		21988	
	配件	-21%	-89%	2413	-89%
	鞋	-30%	-30%	15469	-30%
南京 汇总		-38%		39870	
上海	服装	-72%		11167	
	配件	-70%	-92%	927	-92%
	鞋	-71%	-43%	6412	-43%
上海 汇总		-71%		18506	
义乌	服装	-57%		17061	
	配件	-71%	-95%	882	-95%
	鞋	-57%	-44%	9479	-44%
义乌 汇总		-58%		27422	
总计				150328	

图10-9-3 选择大类服装时的差异百分比计算公式

【实例文件名：第5天-Part10.xlsx/课时10-9】

“差异百分比”也可用于计算同比和环比。

红太狼 学习“差异百分比”是对“差异”的又一次巩固！

课时 10-10 “按某一字段汇总”数据显示方式

红太狼 “按某一字段汇总”和“分类汇总”不一样吗？

灰太狼： 虽然都是汇总，但是汇总的方式还是有区别的。

分类汇总：只在“汇总”行和“总计”行有数值的累加，其余行还是保留原来的数值。

按某一字段汇总：需要选择一个“基本字段”。如按大类汇总销售量，则每个大类的数值按顺序一个个往上累加，累加的最后一个值等于汇总行的值（图10-10-1）。

E4 =D4+E3

分公司	大类	按大类汇总	销售量	公式
北京	服装	39445	39445	39445
	配件	42504	3059	42504
	鞋	64530	22026	64530
北京 汇总			64530	
南京	服装	21988	21988	21988
	配件	24401	2413	24401
	鞋	39870	15469	39870
南京 汇总			39870	
上海	服装	11167	11167	11167
	配件	12094	927	12094
	鞋	18506	6412	18506
上海 汇总			18506	
义乌	服装	17061	17061	17061
	配件	17943	882	17943
	鞋	27422	9479	27422
义乌 汇总			27422	
总计			150328	

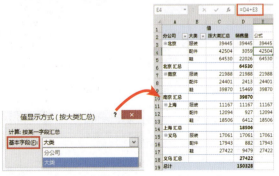

图10-10-1 按大类汇总和分类汇总的对比

【实例文件名：第5天-Part10.xlsx/课时10-10】

红太狼 这个简单，我去试试把大类换成日期来累加，应该会更实用！

课时 10-11 "按某一字段汇总的百分比"值显示方式

红太狼 又开始计算百分比了，这次又是哪两个相除？

灰太狼： "按某一字段汇总的百分比"是在"按某一字段汇总"得出的结果上，除以上一级的汇总值，也需要选择一个"基本字段"（图10-11-1），计算公式：各个大类汇总的值/分公司汇总的值。

	F3		× ✓ fx	**=D3/$E$6**	

	A	B	C	D	E	F
1			值			
2	分公司	大类	按大类汇总百分比	**按大类汇总**	销售量	公式
3	⊟北京	服装	61%	39445	39445	61%
4		配件	66%	42504	3059	66%
5		鞋	100%	64530	22026	100%
6	北京 汇总				**64530**	
7	⊟南京	服装	55%	21988	21988	55%
8		配件	61%	24401	2413	61%
9		鞋	100%	39870	15469	100%
10	南京 汇总				39870	
11	⊟上海	服装	60%	11167	11167	60%
12		配件	65%	12094	927	65%
13		鞋	100%	18506	6412	100%
14	上海 汇总				18506	
15	⊟义乌	服装	62%	17061	17061	62%
16		配件	65%	17943	882	65%
17		鞋	100%	27422	9479	100%
18	义乌 汇总				27422	
19	总计				150328	

值显示方式（按大类汇总百分比） ? ×

计算：按某一字段汇总的百分比

基本字段(F)： 大类
　　分公司
　　大类

图10-11-1　按大类汇总的百分比的计算方式

【实例文件名：第5天-Part10.xlsx/课时10-11】

当"基本字段"选择日历天时，得出的结果就可以用在实际工作的分析中。通过观察计算结果可以知道，销售量占比超过60%只用了4个日历天（图10-11-2）。

	L3		× ✓ fx	**=J3/$K$13**	

	H	I	J	K	L
1		值			
2	日历天	按日历天汇总百分比	**按日历天汇总**	销售量	公式
3	2015/1/1	26.06%	39178	39178	26%
4	2015/2/2	44.56%	66985	27807	45%
5	2015/3/3	59.51%	89463	22478	60%
6	2015/4/4	65.37%	98264	8801	65%
7	2015/5/10	72.77%	109387	11123	73%
8	2015/6/5	77.54%	116571	7184	78%
9	2015/7/6	82.33%	123762	7191	82%
10	2015/8/8	87.19%	131071	7309	87%
11	2015/9/7	92.42%	138937	7866	92%
12	2015/10/9	100.00%	150328	11391	100%
13	总计			**150328**	

值显示方式（按日历天汇总百分比） ×

计算：按某一字段汇总的百分比

基本字段(F)： 日历天

确定　　取消

图10-11-2　按日历天汇总的百分比的计算方式

【实例文件名：第5天-Part10.xlsx/课时10-11】

红太狼 还是选择按日历天汇总的百分比比较实用！

课时 10-12　"升序或降序排列"值显示方式

红太狼　"升序或降序排列"和排序的效果一样吗？

灰太狼：都是对数值进行排序，最后显示的效果不一样。

　　使用"升序或降序排列"的值显示方式来排序：先选择一个"基本字段"，最后的效果是用从1开始的正整数替代原来的销售量，但是不调整各品类的位置（图10-12-1）。

- 选择"降序"，显示的名次从1开始的正整数，代表销售量从大到小；
- 选择"升序"，显示的名次从1开始的正整数，代表销售量从小到大。

图10-12-1　按品类降序排列

【实例文件名：第5天-Part10.xlsx/课时10-12】

　　使用"数据"中的"排序"来排列：选中E3单元格→选择"数据"→"排序"。

- 选择"降序"，会按照销售量从大到小调整品类的位置；
- 选择"升序"，会按照销售量从小到大调整品类的位置。

　　连带着D列的使用"升序或降序排列"值显示方式排序的位置也一起调整了过来（图10-12-2）。

　　使用"值显示方式"中的排序功能，方便了在数据透视表中排序，这个功能只有2010版的Excel及更高版本的才有，在低版本的Excel中要达到这个效果则需要使用复杂的公式。

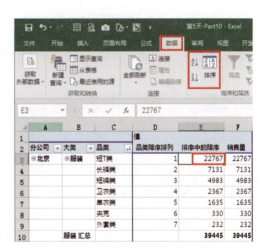

图10-12-2　按排序中的降序排列

【实例文件名：第5天-Part10.xlsx/课时10-12】

红太狼　数据透视表中的这个功能还蛮好用的！

课时 10-13 “指数”值显示方式

红太狼 **什么叫“指数”。**

灰太狼： “指数”在数学中代表次方，是有理数乘方的一种运算形式。在数据透视表中，运算形式有所不同。

“指数”值显示方式的运算公式是：=((单元格的值)*(总体汇总之和))/((行汇总)*(列汇总))。

当数据透视表“列”标签中只有“数值”（即一维）时，“指数”值显示方式的结果都为1（图10-13-1）。

当数据透视表“列”标签中有“大类”（即二维）时，“指数”值显示方式的结果就遵循运算公式（图10-13-2）。公式中加入绝对值是为了方便把公式用拖动的方法复制到其他单元格。

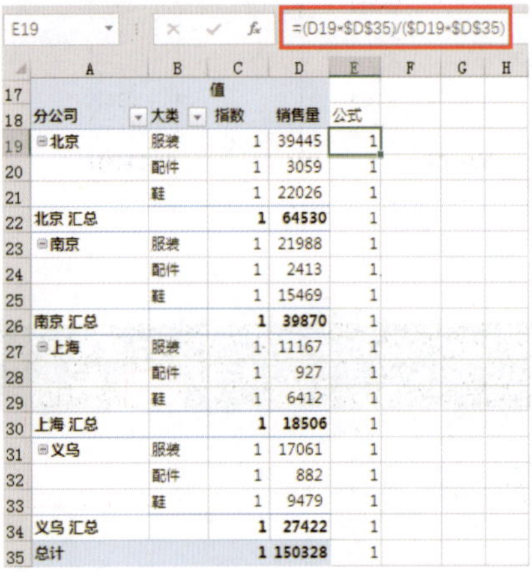
E19 =(D19*$D$35)/($D19*$D$35)

	A	B	C	D	E
17			值		
18	分公司	大类	指数	销售量	公式
19	⊟北京	服装	1	39445	1
20		配件	1	3059	1
21		鞋	1	22026	1
22	北京 汇总		1	64530	1
23	⊟南京	服装	1	21988	1
24		配件	1	2413	1
25		鞋	1	15469	1
26	南京 汇总		1	39870	1
27	⊟上海	服装	1	11167	1
28		配件	1	927	1
29		鞋	1	6412	1
30	上海 汇总		1	18506	1
31	⊟义乌	服装	1	17061	1
32		配件	1	882	1
33		鞋	1	9479	1
34	义乌 汇总		1	27422	1
35	总计		1	150328	1

图10-13-1 指数的计算方式（一维）

【实例文件名：第5天-Part10.xlsx/课时10-13】

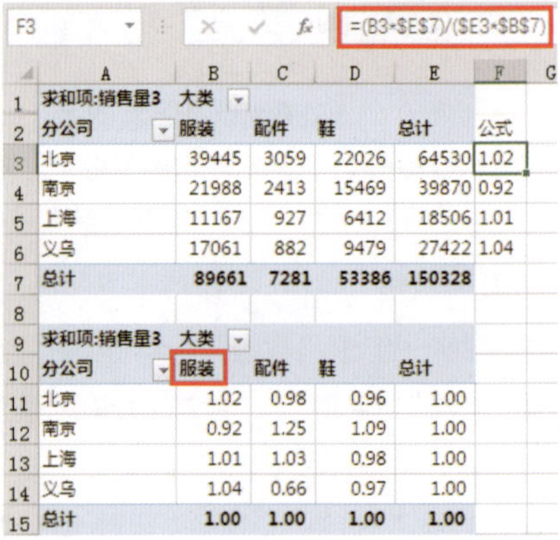
F3 =(B3*$E$7)/($E3*$B$7)

	A	B	C	D	E	F
1	求和项:销售量3	大类				
2	分公司	服装	配件	鞋	总计	公式
3	北京	39445	3059	22026	64530	1.02
4	南京	21988	2413	15469	39870	0.92
5	上海	11167	927	6412	18506	1.01
6	义乌	17061	882	9479	27422	1.04
7	总计	89661	7281	53386	150328	
8						
9	求和项:销售量3	大类				
10	分公司	服装	配件	鞋	总计	
11	北京	1.02	0.98	0.96	1.00	
12	南京	0.92	1.25	1.09	1.00	
13	上海	1.01	1.03	0.98	1.00	
14	义乌	1.04	0.66	0.97	1.00	
15	总计	1.00	1.00	1.00	1.00	

图10-13-2 指数的计算方式（二维）

【实例文件名：第5天-Part10.xlsx/课时10-13】

“指数”值显示方式在数据透视表中不常用到。

红太狼 **看起来应该是比较生僻的功能项！**

课时 10-14 创建/修改/删除计算字段

红太狼 **创建计算字段前面有讲过。**

灰太狼： 是的。之前提到过，在数据透视表中使用“计算字段”插入“平均单价”（图10-14-1），选中数据透视表区域中任意单元格→“数据透视表工具”→“分析”→“计算”→“字段、项目和集”→“计算字段”→输入“名称”→输入“公式”→“添加”→“确定”即可。

平均单价=销售额/销售量。如果在数据源中有一列单价，单价=销售额/销售量，重新选择数据透视表的数据区域后，刷新数据透视表，将“单价”放入“值”区域（图10-14-2）。

图10-14-1　创建计算字段
【实例文件名：第5天-Part10.xlsx/课时10-14】

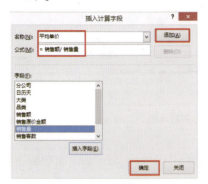

	A	B	C	D	E	F	G
1		值					
2	分公司	销售量	销售额	平均单价	计数项:单价	求和项:单价2	平均值项:单价2
3	北京	64530	8124635	126	354	44154	125
4	南京	39870	5042436	126	465	#DIV/0!	#DIV/0!
5	上海	18506	2169369	117	315	#DIV/0!	#DIV/0!
6	义乌	27422	3173362	116	318	#DIV/0!	#DIV/0!
7	总计	150328	18509802	123	#DIV/0!	#DIV/0!	#DIV/0!

图10-14-2　在数据源中加入的单价
【实例文件名：第5天-Part10.xlsx/课时10-14】

由于数据源中单价的计算结果有错误值，放入数据透视表中默认的“值汇总方式”为“计数项”，修改成“求和项”的结果是北京所有单价的和，而不是我们需要的结果；修改成“平均值项”的结果和“计算字段”的结果最接近，但也不是我们需要的结果。

如要加入一个平均折扣，使用快捷键Ctrl++调出“计算字段”的对话框→输入名称和公式→“添加”→“确定”即可（图10-14-3）。

	A	B	C	D	E	F	G	H
1		值						
2	分公司	销售量	销售额	平均单价	计数项:单价	求和项:单价2	平均值项:单价2	平均折扣
3	北京	64530	8124635	126	354	44154	125	55%
4	南京	39870	5042436	126	465	#DIV/0!	#DIV/0!	52%
5	上海	18506	2169369	117	315	#DIV/0!	#DIV/0!	49%
6	义乌	27422	3173362	116	318	#DIV/0!	#DIV/0!	52%
7	总计	150328	18509802	123	#DIV/0!	#DIV/0!	#DIV/0!	53%

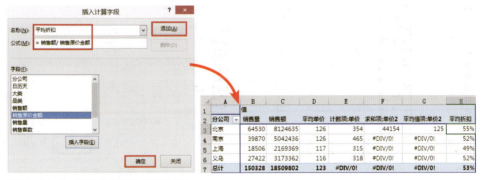

图10-14-3　计算字段插入平均折扣
【实例文件名：第5天-Part10.xlsx/课时10-14】

插入计算字段后，在“名称”的下拉框中选中一个名称，可以进行“修改”和“删除”操作。

红太狼 这个功能比较实用！

课时 10-15 什么样的情况下可以创建计算项

红太狼 “计算项”和“计算字段”有什么不同？

灰太狼：两者都是对数据透视表中字段的计算方式。前者在数据源过大的情况下，不适合创建，如创建则会跳出提示框（图10-15-1）；后者在数据源过大的情况下，则不会有这种限制。

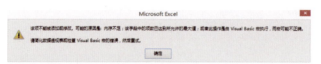

图10-15-1 数据源过大时创建计算项跳出的提示框

【实例文件名：第5天-Part10.xlsx/课时10-15】

前者是对每个字段的项进行计算，需要有二级字段时才可以创建；后者是对整个活跃字段下的值进行计算。

例如图10-15-2这样一份透视表，只有选中“行”或“列”标签的单元格才能创建计算项。

创建计算项的步骤：选中“行”或“列”标签的单元格→“数据透视表工具”→“分析”→“计算”→“字段、项目和集”→“计算项”→输入“名称”→输入“公式”→“添加”→“确定”（图10-15-3）。

	A	B	C	D	E	F
26	求和项:销售量		大类			
27	分公司	品类	服装	配件	鞋子	总计
28	⊟上海	背包		21		21
29		单衣类	182			182
30		短T类	1713			1713
31		短裤类			281	281
32		多功能包		38		38
33		夹克	28			28
34		帽		34		34
35		内衣		1		1
36		球		1		1
37		外套类			9	9
38		卫衣类			401	401
39		羽绒类			1	1
40		长裤类	30		182	212
41	上海 汇总		1953	95	874	2922
42	总计		1953	95	874	2922

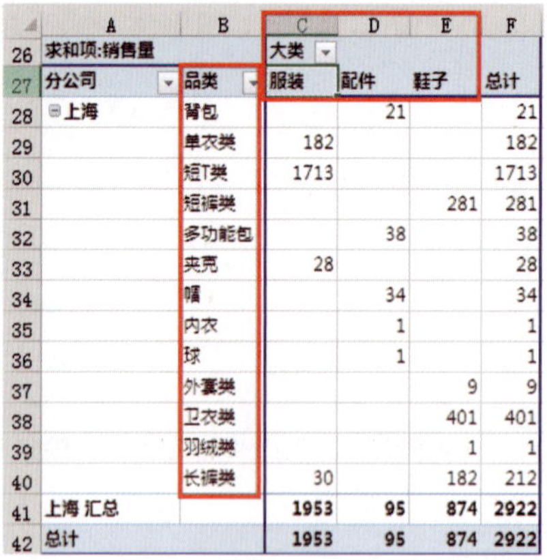

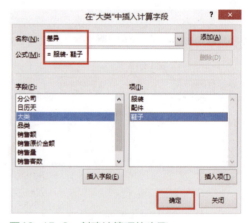

图10-15-2 可以创建计算项的透视表格式

【实例文件名：第5天-Part10.xlsx/课时10-15】

图10-15-3 创建计算项的步骤

【实例文件名：第5天-Part10.xlsx/课时10-15】

“计算项”中的计算公式是选择“项”中的内容插入公式中，“计算字段”中的计算公式是选择“字段”中的内容插入公式中。

红太狼 “计算项”的要求高好多，不过两者操作方法差不多！

课时 10-16　改变求解次序和显示计算项的公式

红太狼　改变求解次序的意思是调整公式执行计算的先后顺序？

灰太狼：是的，当数据透视表单元格的值受多个计算项的影响，则该值由求解次序中最后的公式确定。调出"求解次序"的对话框的方法是：选中数据透视表中的任意单元格→"数据透视表工具"→"分析"→"计算"→"字段、项目和集"→"求解次序"。选中其中的公式，可以对位置进行"上移""下移"和"删除"的操作（图10-16-1）。

图10-16-1　求解次序调整

【实例文件名：第5天-Part10.xlsx/课时10-16】

出现在这个对话框中的公式都是通过插入"计算项"创建的，插入"计算字段"中的公式不会出现在这里。

红太狼　"求解次序"的下面还有一个"列出公式"，这个有什么作用？

灰太狼：当一个数据透视表中创建多个"计算字段"和"计算项"时，如果需要查看每个字段的计算公式，最常用的方法是一个个去点开"计算字段"和"计算项"中的公式，当公式较少的情况下，一个个看不是很麻烦，但是当公式较多时，就会比较麻烦。"列出公式"就是在这种情况下使用的，一键跳出所有的公式，很方便。

具体的操作方法是：选中数据透视表中的任意单元格→"数据透视表工具"→"分析"→"计算"→"字段、项目和集"→"列出公式"，Excel就会自动将这个数据透视表中的所有"计算字段"和"计算项"的公式列到新的工作表中（图10-16-2）。

图10-16-2　列出公式

【实例文件名：第5天-Part10.xlsx/列出公式】

再次强调：这里列出的公式是"计算项"和"计算字段"中创建的公式，不含其他的公式。

红太狼　这个方便，之前我都是一个个打开抄下来的！

第5天
学霸背后的
秘密记事本

灰太狼：每天叫醒你的，希望是理想！

第一，数据透视表中的值汇总方式。
① 了解如何修改值汇总方式；
② 了解11种值汇总方式的使用效果；
③ 学会对同一字段使用多种值汇总方式。

第二，数据透视表中的值显示方式。
① 了解如何修改值显示方式；
② 了解15种值显示方式的使用效果。

第三，数据透视表中的计算字段。
① 学会创建、修改、删除计算字段；
② 了解什么样的情况下可以创建计算项；
③ 当创建多个计算字段时，使用"列出公式"一次导出所有公式。
对于新手而言，优先学会常用的功能项即可。

_____

_____

_____

_____

_____

_____

_____

第6天
The Sixth Day

如要制作类似报表系统的表格，那么"切片器"是其中必不可少的一个知识点，活用"切片器"可以实现多表甚至多图的动态关联。

Part 11　可视化透视表切片器

灰太狼Part 11提示：**了解关联神器按钮！**

课时 11-1　什么是切片器

红太狼　什么是切片器呢？

灰太狼： 切片器是作为筛选数据透视表数据的一种新方法而存在的一种功能。切片器只有2010及以上版本才有，在 Excel 2013 中，也可以创建切片器来筛选表格数据。

切片器确实很有用，因为它清楚地指明了筛选数据后表格中所显示的数据。若要选择多个项目，按住 Ctrl，然后选择要显示的项目即可。

红太狼　如何插入切片器？

灰太狼： 方法如下。

第1步：创建一个数据透视表→选中数据透视表中的任意单元格→"数据透视表工具"→"分析"→"筛选"→"插入切片器"（图11-1-1）。

图11-1-1　创建数据透视表插入切片器

【实例文件名：第6天-Part11.xlsx/课时11-1】

第2步：选择一个活动字段（如：分公司）→"确定"（图11-1-2）。

在切片器中选择一个项目（如：北京），数据透视表中的数据会自动进行筛选操作（图11-1-3）。

图11-1-2　选择一个活动字段创建切片器

图11-1-3　选择一个分公司时数据透视表会跟着自动筛选

【实例文件名：第6天-Part11.xlsx/课时11-1】　　【实例文件名：第6天-Part11.xlsx/课时11-1】

红太狼　这个功能看起来很厉害的样子！

课时 11-2　在透视表中插入/删除/隐藏切片器

红太狼　学会了插入切片器，那要怎么删除和隐藏呢？

灰太狼：插入切片器时，可以选择的字段是数据源的首行内容。

删除切片器有两种方法。

第1种：选中切片器→按Delete键。

第2种：选中切片器→右键→选择"删除'分公司'"（图11-2-1）。

隐藏切片器：选中其中一个切片器→"切片器工具"→"选项"→"排列"→"选择窗格"（图11-2-2）。

在弹出的选择框中，可以选择"全部显示"和"全部隐藏"。在切片器有多个的情况下，可单击右侧的图标，选择部分切片器隐藏。

图11-2-1　删除切片器

【实例文件名：第6天-Part11.xlsx/课时11-2】

图11-2-2　隐藏切片器

【实例文件名：第6天-Part11.xlsx/课时11-2】

当切片器为多个时，隐藏切片器是为了在制作报表时，方便排版。

红太狼　最基本的功能操作方法都差不多，好记！

课时 11-3　共享切片器实现多个透视表联动

红太狼　怎样才能知道切片器和哪个透视表关联呢？

灰太狼：最直接的办法是，在切片器中执行筛选操作，哪个数据透视表的数据跟着一起筛选，就说明和它是关联的。

从切片器的功能项来查看，选中切片器→"切片器工具"→"选项"→"切片器"→"报表连接"（图11-3-1）。在弹出的对话框中，已经选择的数据透视表就是和这个切片器关联的数据透视表，工作表的名称加上数据透视表的名称就可以找到数据透视表的位置。

图11-3-1　报表连接
【实例文件名：第6天-Part11.xlsx/课时11-3】

在这里，有选择的数据透视表，就表示可以联动，取消勾选则表示取消数据透视表和切片器的关联。

从数据透视表的功能项来查看，选中数据透视表→"数据透视表工具"→"分析"→"筛选"→"筛选器连接"（图11-3-2），在弹出的对话框中，已经选择的切片器就是和这个数据透视表关联的切片器。这里的切片器名称比较乱，不太容易查找，了解即可。

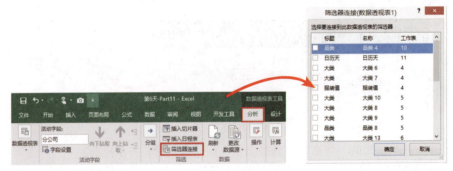

图11-3-2　筛选器连接
【实例文件名：第6天-Part11.xlsx/课时11-3】

当在切片器中筛选时，关联的数据透视表也会跟着筛选，此时可以插入一个数据透视图来查看这个关联效果。

如图11-3-3所示，3个切片器都连接到工作表"课时11-3"中的"数据透视表1"，"大类"中会自动筛选出"服装"，由于各"分公司"中都有单衣类的值，所以还是显示全部选中。

这时若在数据透视表中直接插入"数据透视图"，之后再次筛选切片器，数据透视图也会有相应的变化。

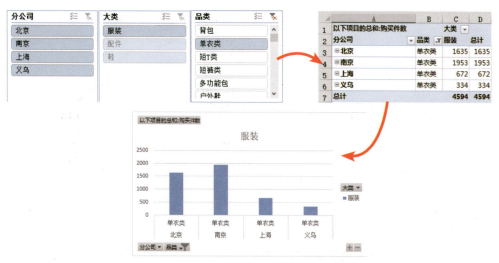

图11-3-3　在数据透视图中查看切片器的效果
【实例文件名：第6天-Part11.xlsx/课时11-3】

红太狼　关联起来之后再用确实很方便！

课时 11-4　清除/隐藏切片器的筛选器

红太狼　切片器的筛选器要如何隐藏呢？
灰太狼：选中切片器→"切片器设置"→"页眉"→取消勾选"显示页眉"（图11-4-1），这样切片器的筛选器就和标题一起被隐藏了。

　　或者可以选中切片器→"切片器工具"→"选项"→"切片器"→"切片器设置"（图11-4-2），调出"切片器设置"对话框进行设置。

图11-4-1　切片器设置
【实例文件名：第6天-Part11.xlsx/课时11-4】

图11-4-2　切片器设置
【实例文件名：第6天-Part11.xlsx/课时11-4】

在"切片器设置"对话框中有两个名称可以修改。一个是"标题",可以修改成任意名称以显示在切片器的顶部。如修改成"服装值"(图11-4-3),显示在切片器顶部的标题就从"大类"变成了"服装值"。

另一个是"名称",这个名称就算修改了在切片器中也不会显示出来,它是用在公式中的名称,为VBA代码等的调用提供方便。

在调出"切片器设置"对话框时,要记住一点,即必须先选中切片器。

图11-4-3 修改切片器标题
【实例文件名:第6天-Part11.xlsx/课时11-4】

红太狼 原来切片器的名称是这么使用的!

课时 11-5 多选择或是单选切片下的项目

红太狼 在切片器中多选,之前讲到过要用到Ctrl键。

灰太狼:是的,要在切片器中单选,直接单击就可以,多选就需要按住Ctrl键,然后再一个个单击需要的项目。

图11-5-1中,同时选中了"短T类""短裤类"和"棉服类"3个项目,放到数据透视表中的效果就是,在筛选"品类"时,只筛选出这3项的数据。

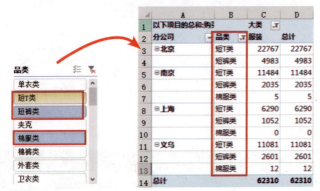

图11-5-1 切片器中的多选相当于字段中的多选
【实例文件名:第6天-Part11.xlsx/课时11-5】

只要按住Ctrl键,在切片器中进行多选就不是问题。

红太狼 确实,很简单!

📖 课时 11-6　对切片器内的字段项进行升序和降序排列

红太狼 切片器中也要排序吗?

灰太狼: 不常用到,但是有这个功能存在,
还是需要学习的。在切片器中的排序可以在
"切片器设置"对话框中设置,也可以使用
右键菜单中的排序功能(图11-6-1)。

- 升序(A至Z)。排序的顺序是以切片
  器中的项目名称的首字母来排序的。
- 降序(Z至A)。排序的顺序是以切片
  器中的项目名称的首字母来排序的。

图11-6-1　在切片器中排序的两种调出方法

【实例文件名:第6天-Part11.xlsx/课时11-6】

- 按数据源顺序来排序。顾名思义就是参考数据源中的顺序排序。

切片器中的排序其实和数据透视表中的排序是相同的原理,只是排序的对象不一样而已。

红太狼 这个功能我可能会在切片器中的项目名称过多的时候用到。

📖 课时 11-7　对切片器内的字段项进行自定义排序

红太狼 图11-6-1中调出的对话框并没有自定义排序这个选项。

灰太狼: 是的,直接调出的对话框中并没有自定义排序选项,这需要用到之前学过的知
识。在"文件"→"选项"→"高级"→"常规"→"编辑自定义列表"→从单元格中
导入序列→"确定"→"确定"(图11-7-1)。

图11-7-1　添加自定义序列

【实例文件名:第6天-Part11.xlsx/课时11-7】

到这一步其实还没结束,这个时候不管你如何排序切片器,都不会出现我们定义好

101

的排序序列。必须重新插入一个数据透视表→选中数据透视表中的任意单元格→"数据透视表工具"→"分析"→"筛选"→"插入切片器"→选择"大类"→"确定"（图11-7-2）。重新插入数据透视表后再插入切片器，这时切片器中的排序才是我们定义好的自定义排序。

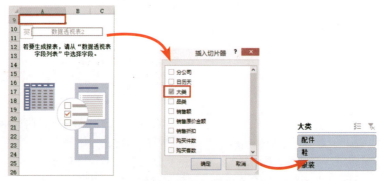

图11-7-2　重新插入数据透视表后再插入切片器

【实例文件名：第6天-Part11.xlsx/课时11-7】

红太狼　这个和数据透视表的自定义排序还是蛮像的！

课时 11-8　不显示从数据源删除的项目

红太狼　要如何操作才可以不显示从数据源中删除的项目？

灰太狼：数据透视表中，如果数据源中有数据被删除，要在数据透视表的字段筛选中也删除不存在的项目，将"每个字段保留的项数"从"自动"改成"无"（请参考课时2-6）。

　　在切片器中筛选时，也会有不需要的项目以灰色状态显示。如筛选"大类"中的服装时，"品类"切片器底部的配件和鞋以灰色状态显示（图11-8-1）。

　　删除多余项目的方法：选中切片器→"切片器设置"→勾选"隐藏没有数据的项"（图11-8-2）。

图11-8-1　切片器筛选后多余的项目

【实例文件名：第6天-Part11.xlsx/课时11-8】

图11-8-2　隐藏没有数据的项

【实例文件名：第6天-Part11.xlsx/课时11-8】

当对"品类"切片器进行设置后，再次筛选
"大类"中的配件，"品类"切片器中就不会有
服装和鞋的项目存在（图11-8-3）。

这项设置也可以对用到的所有切片器使用，
一是为了方便排版，二是为了减少切片器中的项
目，方便筛选。

红太狼〈学习新功能项的同时顺便也复习了已经
学过的知识，完美！

图11-8-3　隐藏没有数据的项

【实例文件名：第6天-Part11.xlsx/课时11-8】

课时 11-9　多列显示切片器内的字段项

红太狼〈多列显示切片器内的字段项是不是和数据透视表中的"水平并排"一样？

灰太狼：效果看起来一样，不同的是，数据透
视表中既可以"水平并排"，也可以"垂直并
排"，在切片器中只可以设置为分成几列，也相
当于"水平并排"的效果。

当插入一个"品类"切片器时，由于项目太
多，默认显示的是一列，则右侧会有一个滚动条
（图11-9-1）。

图11-9-1　默认的切片器格式

【实例文件名：第6天-Part11.xlsx/课时11-9】

调整切片器布局的方法：选中切片器→"切
片器工具"→"选项"→"按钮"→在"列"中选择（如：3）（图11-9-2）。

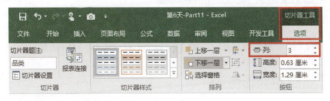

图11-9-2　修改切片器的列数

【实例文件名：第6天-Part11.xlsx/课时11-9】

或者，选中切片器→右键→"大小和属性"→"格式切片器"→"位置和布
局"→"框架"→在"列数"中选择（如：3）（图11-9-3）。

如此设置之后，切片器就会先从左到右，后从上到下重新排列。拖动改变切片器窗
口的大小就可以看到全部的项目（图11-9-4）。

图11-9-3　格式切片器
【实例文件名：第6天-Part11.xlsx/课时11-9】

图11-9-4　修改切片器列数后的效果
【实例文件名：第6天-Part11.xlsx/课时11-9】

格式切片器中的"位置"包括"水平"和"垂直"两个选项。当两项都设置成0时，切片器就对准A1单元格，"水平"代表横向到A1左侧的距离，"垂直"代表纵向到A1顶部的距离。当勾选"禁用调整大小和移动"时，切片器窗口的位置和大小就固定了（图11-9-5）。

格式切片器中的"大小"表示切片器窗口的大小。当高度设置不够时，列表右侧会出现滚动条，当宽度设置不够时，切片器中的项目就会显示不全（图11-9-6）。

图11-9-5　格式切片器中的位置布局和大小
【实例文件名：第6天-Part11.xlsx/课时11-9】

图11-9-6　格式切片器中的大小值设置不够时的效果
【实例文件名：第6天-Part11.xlsx/课时11-9】

红太狼　项目太多时，多设置几列方便查看。

课时 11-10　切片器自动套用格式及字体设置

红太狼　切片器的格式也可以修改？

灰太狼：是的。和数据透视表的样式一样，切片器也有14种默认的切片器样式，选中切片器→"切片器工具"→"选项"→"切片器样式"即可选择（图11-10-1）。

如对Excel自带的样式不喜欢，也可以在"新建切片器样式"对话框中设置（图11-10-2），设置方法和"新建数据透视表样式"一样（参考课时4-1）。

图11-10-1　切片器样式
【实例文件名：第6天-Part11.xlsx/课时11-10】

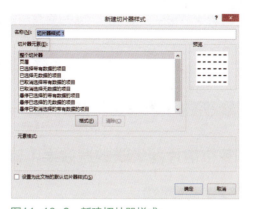

图11-10-2 新建切片器样式

【实例文件名：第6天-Part11.xlsx/课时11-10】

课时 11-11 切片器中的日期组合展示（按年/季度/月/天）

红太狼 切片器中的日期组合是否和数据透视表中的日期组合类似？

灰太狼： 会使用数据透视表中的日期组合就会使用切片器中的日期组合，只是两个功能项的对象不一样。

在数据透视表中组合日期的时候要先确认日期的格式是否正确，在切片器中也一样。

切片器中"插入日程表"的方法：选中数据透视表→"数据透视表工具"→"分析"→"筛选"→"插入日程表"→选择"日历天"→"确定"（图11-11-1）。

图11-11-1 插入日程表的步骤

【实例文件名：第6天-Part11.xlsx/课时11-11】

"插入日程表"后，单击右侧"月"边上的倒三角，可以选择要组合的方式，可以选择"年""季度""月"以及"日"。如选择"季度"，则日程表的组合方式就会自动从"月"转换成"季度"（图11-11-2）。

图11-11-2 日程表的组合方式

【实例文件名：第6天-Part11.xlsx/课时11-11】

当显示的内容过多，日程表不能一次显示时，拖动底部的滚动条即可查看。当要选中多个连续的日期值时，按住Shift键即可选择多个。

“插入日程表”对日期值的要求以及注意事项和数据透视表中的组合日期值一样（具体内容可参考课时6-4，课时6-5）。

红太狼 有了日程表，制作报表时又多了一个美观的功能项！

课时 11-12　多个切片器关联数据效果（首次画个图表）

红太狼 效果的意思是要开始画图表了？

灰太狼：是的，结合刚学的切片器来画一个简单的效果图（图11-12-1）。

第1步：根据数据源创建一个数据透视表。调整数据透视表的布局，“行”区域放组合后的日历天，“值”区域放销售额、销售原价金额和折扣（图11-12-2）。

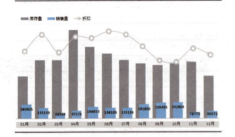

图11-12-1　使用数据透视表的数据来画图

【实例文件名：第6天-Part11.xlsx/课时11-12】

	A	B	C	D
2	日历天	销售额	原价金额	折扣
3	1月	338037.4	583192	0.55
4	2月	279723.5	476383	0.60
5	3月	183501.7	310781	0.56
6	4月	72783.7	118898	0.60
7	5月	75378.2	121852	0.61
8	6月	65222.8	100069	0.61
9	7月	63024.1	104634	0.57
10	8月	62173	108129	0.54
11	9月	70611.8	118319	0.57
12	10月	85189.5	140812	0.58
13	总计	1295645.7	2183069	0.58

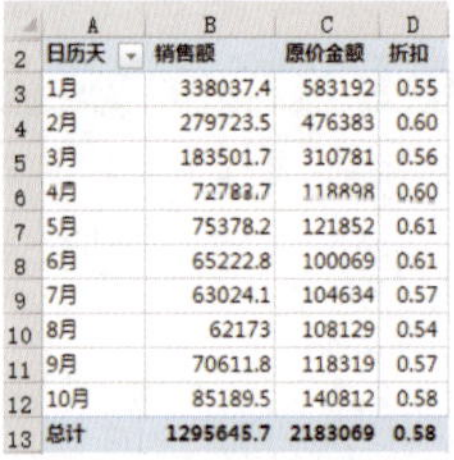

图11-12-2　调整好的数据透视表格式

【实例文件名：第6天-Part11.xlsx/课时11-12】

第2步：插入柱形图。“插入”→“图表”→选择“柱形图”，选中插入的空白图表→右键→“选择数据”→“添加”→选择“系列名称”和“系列值”，将销售额、原价金额和折扣3列数值加入，水平轴标签选择A3:A12→“确定”（图11-12-3）。

第3步：删除多余的图表元素（图表标题、垂直轴标签），设置网格线的颜色为浅色系，选中图表→单击“+”→选择“图例”→选择“图例”的位置为顶部（图11-12-4）。

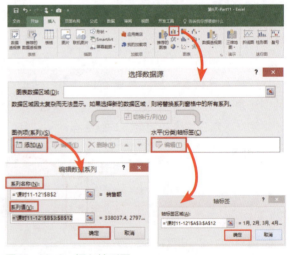

图11-12-3　插入柱形图

【实例文件名：第6天-Part11.xlsx/课时11-12】

第4步：调整系列位置。选中图表→"选择数据"→选中"销售额"，下移→"确定"（图11-12-5）。

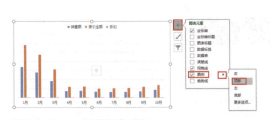

图11-12-4　调整图表元素
【实例文件名：第6天-Part11.xlsx/课时11-12】

图11-12-5　调整系列位置
【实例文件名：第6天-Part11.xlsx/课时11-12】

选中3个系列中的任意一个系列→右键→"设置数据系列格式"→"系列重叠"设置为50%，"分类间距"设置为15%，选中"图例"移动至左上角（图11-12-6）。

图11-12-6　设置系列重叠和分类间距
【实例文件名：第6天-Part11.xlsx/课时11-12】

第5步：填充系列的颜色，添加数据标签，设置数据标签的位置。选中要填充颜色的数据系列→右键→"设置数据系列格式"→"填充与线条"→"填充"→"纯色填充"→选择"颜色"（图11-12-7）。

选中要添加数据标签的系列→右键→"添加数据标签"。选中数据标签→右键→"设置数据标签格式"→选择"标签位置"（居中、数据标签内、轴内侧或数据标签外）（图11-12-8）。

第6步：修改折扣的图表类型。选中图表→"图表工具"→"格式"→在系列的下拉框中选择"系列'折扣'"→"设置所选内容格式"→设置系列绘制在"次坐标轴"（图11-12-9）。

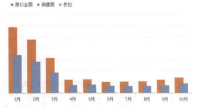

图11-12-7　设置系列填充色
【实例文件名：第6天-Part11.xlsx/课时11-12】

图11-12-8　设置数据标签格式
【实例文件名：第6天-Part11.xlsx/课时11-12】

图11-12-9　设置折扣系列绘制在次坐标轴

【实例文件名：第6天-Part11.xlsx/课时11-12】

　　调出"主要纵坐标轴"和"次要纵坐标轴"，设置"次要纵坐标轴"的最大值为1（图11-12-10）。

　　选中图表→"图表工具"→"设计"→"更改图表类型"→将"折扣"系列的图表类型改成"折线图"→"确定"（图11-12-11）。

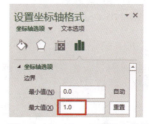

图11-12-10　设置次坐标轴的最大值

【实例文件名：第6天-Part11.xlsx/课时11-12】

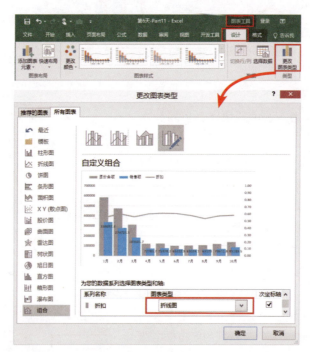

图11-12-11　更改折扣的图表类型

【实例文件名：第6天-Part11.xlsx/课时11-12】

可以对折线图的标记进行设置。选中折线图→右键→"设置数据系列格式"→"填充与线条"→"标记"→"数据标记选项"选择内置，圆，10；"颜色"选择纯色填充，白色；"边框"选择实线，灰色，2.75磅（图11-12-12）。

图11-12-12　设置数据标记

【实例文件名：第6天-Part11.xlsx/课时11-12】

设置"主要纵坐标轴"和"次要纵坐标轴"的标签为无。

第7步：插入切片器。选中数据透视表→"数据透视表工具"→"分析"→"筛选"→"插入切片器"→选择分公司和大类→"确定"，选中大类的切片器→右键→"切片器设置"→取消"显示页眉"。完成的切片器关联图表效果如图11-12-13所示。

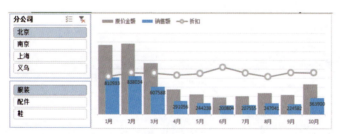

图11-12-13　切片器关联图表的效果

【实例文件名：第6天-Part11.xlsx/课时11-12】

到这一步，多个切片器关联数据的效果图已经完成。

红太狼　切片器配合图表，看起来更方便了！

灰太狼：出色的学习能力，才是你唯一可持续的竞争优势！

第一，切片器的基础知识。

① 了解什么是切片器；

② 在数据透视表中如何插入切片器、删除切片器；

③ 如何共享切片器。

第二，切片器设置。

① 切片器中的排序和筛选；

② 了解如何操作才能不显示数据源删除的项目。

第三，切片器展示。

① 多列显示切片器的字段；

② 切片器格式的套用；

③ 多个切片器关联数据的效果。

对于新手而言，多学会一些功能可以简化操作步骤。

第7天
The Seventh Day

动态数据透视表还可以通过使用SQL导入外部数据源进行创建，为了更好地了解SQL，今天主要讲解SQL的基本语句及其效果。

Part 12 使用SQL导入外部数据源创建透视表

灰太狼Part 12提示：**初步认识SQL的导入方法！**

课时 12-1 小谈SQL使用方法

红太狼 用SQL导入外部数据源创建透视表会很难吗？

灰太狼：这几天的内容都比较基础，这里的SQL也是基础的内容，如果要更系统地学习SQL，可参阅专业的SQL书籍；如果只是用SQL导入外部数据源创建数据透视表的话，下面介绍的内容也够用了。

红太狼 那要怎么使用SQL导入外部数据源来创建数据透视表？

灰太狼：往常都是在"插入"功能中调出数据透视表，这次使用SQL，要在"数据"→"现有连接"中调出需要的对话框（图12-1-1）。

图12-1-1 从"数据"的"现有连接"中调出对话框
【实例文件名：第7天-Part12.xlsx/课时12-1】

还可以：按快捷键Alt+D+P→"外部数据源"（图12-1-2），调出对话框。

在"现有连接"对话框中，已经导入过的外部数据源文件会出现在"此计算机的连接文件"（图12-1-3）中，如要新添加数据源文件则选择"浏览更多"。

图12-1-2 从数据透视表向导中调出对话框
【实例文件名：第7天-Part12.xlsx/课时12-1】

图12-1-3 "现有连接"对话框
【实例文件名：第7天-Part12.xlsx/课时12-1】

找到文件的位置→"打开"（图12-1-4）。

选择数据源中的对应工作表→选择"数据首行包含列标题"→"确定"（图12-1-5）。

图12-1-4　选取数据源

【实例文件名：第7天-Part12.xlsx/课时12-1】

图12-1-5　选择表格

【实例文件名：第7天-Part12.xlsx/课时12-1】

选择数据的"显示方式"（有4种）→选择"数据的放置位置"（有两种）（图12-1-6）。

区域L4:M14出现空值（图12-1-7）是因为导入的数据源中间有空值。使用SQL导入外部数据源和直接插入一样，对数据源的格式都有要求。

删除空白列，试着用SQL创建数据透视表，"数据"→"现有连接"→"浏览更多"→找到数据源所在的工作簿→"打开"→选择"入库二$"→"确定"（图12-1-8）。

图12-1-6　选择显示方式和放置位置

【实例文件名：第7天-Part12.xlsx/课时12-1】

图12-1-7　导入外部数据源创建表的一部分

【实例文件名：第7天-Part12.xlsx/课时12-1】

图12-1-8　选择工作表

【实例文件名：第7天-Part12.xlsx/课时12-1】

显示方式选择"数据透视表"，选择放置位置A4→"属性"（图12-1-9）。

选择"定义"→在"命令文本"中输入"select*from [入库 二$]"→"确定"→"确定"（图12-1-10）。

最后调整数据透视表的布局。"使用状况"中的"刷新控件"之前讲过（参考课时3-2），不再赘述。

之后修改数据透视表数据源的方法是："数据透视表工具"→"分析"→"数据"→"连接属性"→"定义"→修改"命令文本"。

图12-1-9　选择显示方式和放置位置

【实例文件名：第7天-Part12.xlsx/课时12-1】

图12-1-10　在定义中输入命令文本

【实例文件名：第7天-Part12.xlsx/课时12-1】

红太狼　这样分开数据源和数据透视表之后，数据源太多时也不会那么卡！

课时 12-2　导入数据源及初识SQL语法

红太狼　之前在"命令文本"中输入的语句是什么意思？

灰太狼：select * from [入库二$]表示查找什么，来自哪里。

　　*：表示该工作表中所有的内容，只需要部分时就用列名称代替。

　　[入库二$]：表示工作表名称。可以在工作表名称后面加入范围（图12-2-1）。

　　导入"入库二"工作表中的数据,只需要大类、品名、数量，则命令文本写法如下：

　　select大类，品名，数量 from [入库二$A1:E11]

图12-2-1　SQL语句的意义

【实例文件名：第7天-Part12.xlsx/课时12-2】

　　把这个SQL语句复制到"命令文本"中，即可插入数据透视表。调整数据透视表布局，就可以得到所需的数据透视表。

　　当书写的语句较复杂时，建议先写在工作表中，写完再复制到"命令文本"中，这样出错后修改起来方便；如果直接写，一旦出错后要单击"取消"关闭对话框，写的所有语句都不会被保存，需要重新开始写，这样就比较费时。

书写语句时，必须注意空格和逗号的输入是否标准。

在"命令文本"中输入带有错误逗号的语句，"确定"后就会跳出提示框（图12-2-2）。为了防止书写错误，可以在英文输入状态下先写好除了文字之外的语句，然后再加入文字。

图12-2-2　输入带有错误逗号的SQL语句时的提示框

【实例文件名：第7天-Part12.xlsx/课时12-2】

虽然这里的SQL语句很简单，但是要想熟练运用后面复杂的语句，就必须先从简单的语句开始多多练习。

红太狼　只要书写规范，这个语句也挺简单的！

课时 12-3　重新定义列表名称，初识两表合并

红太狼　直接引用一个工作表的SQL语句会了，那两个工作表的怎么写呢？

灰太狼：主要的结构一样，同样使用"查找什么，来自哪里"的结构，这里加两个新语句。

0 as 类型：重新定义一个变量，"0"的位置使用数值，"类型"是新加入的一个列名称，可以自己定义。

union all：放在两个语句中间，起到连接的作用（图12-3-1）。

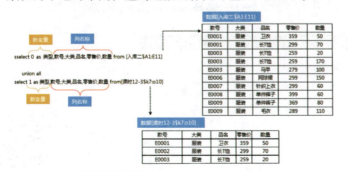

图12-3-1　合并两表的语句

【实例文件名：第7天-Part12.xlsx/课时12-3】

这里使用的两个表的区域是，"入库二"工作表中的A1:E111区域和"课时12-3"工作表中的K7:O10区域。使用合并两表的语句来写，语句如下：

select 0 as 类型,* from [入库二$A1:E11]

union all

select 1 as 类型,* from[课时12-3$K7:O10]

将写好的语句复制到“命令文本”中，创建数据透视表，得出的结果中出现空白值。当SQL语句出错时，要一步步拆分语句，一个个仔细检查（图12-3-2）。

① 检查主要语句是否出错。

② 检查空格和逗号等符号书写是否正确。

③ 检查引用的内容是否出错。

经过仔细检查以上语句，发现是引用的数据位置出错，K7:O10的位置不对，应修改成K10:O13。在“命令文本”中修改即可得出正确结果（图12-3-3）。

	I	J	K	L	M	N
26	求和项:数量					
27	类型	款号	大类	品名	零售价	汇总
28		0 E0001	服装	卫衣	359	0
29		0 E0001	服装	长T恤	299	0
30		0 E0003	服装	马甲	279	0
31		0 E0003	服装	长T恤	259	0
32		0 E0006	服装	网球裙	299	0
33		0 E0007	服装	针织上衣	299	0
34		0 E0008	服装	单件裤子	399	0
35		0 E0009	服装	单件裤子	369	0
36		0 E0009	服装	毛衣	289	0
37		1 款号	大类	品名	零售价	0
38		1 (空白)	(空白)	(空白)	(空白)	
39	总计					0

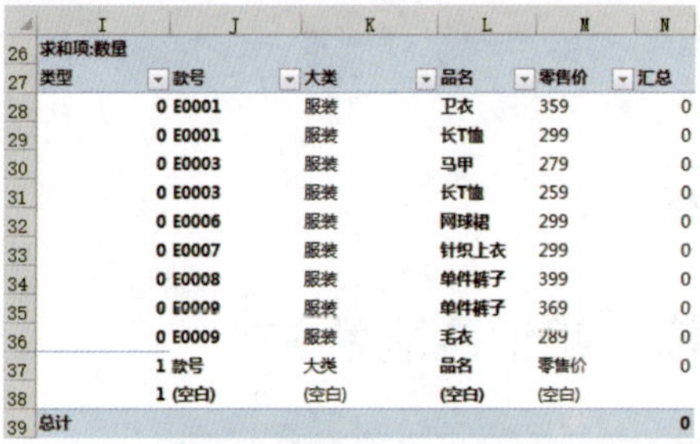

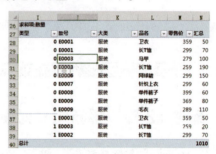

图12-3-2　合并两表的结果出错

【实例文件名：第7天-Part12.xlsx/课时12-3】

	I	J	K	L	M	N
26	求和项:数量					
27	类型	款号	大类	品名	零售价	汇总
28		0 E0001	服装	卫衣	359	50
29		0 E0001	服装	长T恤	299	70
30		0 E0003	服装	马甲	279	100
31		0 E0003	服装	长T恤	259	190
32		0 E0006	服装	网球裙	299	150
33		0 E0007	服装	针织上衣	299	60
34		0 E0008	服装	单件裤子	399	60
35		0 E0009	服装	单件裤子	369	80
36		0 E0009	服装	毛衣	289	110
37		1 E0001	服装	卫衣	359	50
38		1 E0003	服装	长T恤	259	20
39		1 E0002	服装	长T恤	299	70
40	总计					1010

图12-3-3　合并两表的正确结果

【实例文件名：第7天-Part12.xlsx/课时12-3】

红太狼 新加入一个列字段就能合并两个表，好区分也好用！

课时 12-4　提取指定或全部不重复记录信息

红太狼 如何提取指定或全部不重复记录信息呢？

灰太狼： 主要语句还是“查找什么，从哪里查找”，这里新加入一个语句distinct（不同的）。“select distinct *”表示查找所有不同的记录，“from [课时12-4$K1:O11]”表示指定的数据位置是“课时12-4中的K1:O11区域”（图12-4-1）。

具体操作步骤：复制语句→“数据”→“现有连接”→“浏览更多”→找到工作薄→“打开”→选择工作表→“确定”→选择“显示方式”为“表”，选择放置的位置→“属性”→

款号	大类	品名	零售价	数量
E0001	服装	卫衣	359	50
E0001	服装	长T恤	299	70
E0003	服装	长T恤	259	20
E0003	服装	长T恤	259	20
E0003	服装	马甲	279	100
E0006	服装	网球裙	299	150
E0007	服装	针织上衣	299	60
E0008	服装	单件裤子	399	60
E0009	服装	单件裤子	369	80
E0009	服装	单件裤子	369	80

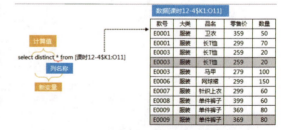

图12-4-1　提取全部不重复记录信息的语句

【实例文件名：第7天-Part12.xlsx/课时12-4】

将复制的语句写入“命令文本”中→“确定”即可得出结果（图12-4-2）。

这里被删除的是整行信息都相同的行，因此提取出来的信息会有部分是一样的。

提取全部不重复记录信息和提取指定不重复记录信息的区别是列名称的不同，指定不重复记录信息中使用的列名称是指定的列名称，如款号、品名等。

因此提取指定不重复记录信息的语句是“select distinct 款号 from [课时12-4$K1:O11]”（图12-4-3）。中间的“款号”可以替换成你想指定的列名称。

	K	L	M	N	O
18	款号	大类	品名	零售价	数量
19	E0001	服装	卫衣	359	50
20	E0001	服装	长T恤	299	70
21	E0003	服装	长T恤	259	20
22	E0003	服装	马甲	279	100
23	E0006	服装	网球裙	299	150
24	E0007	服装	针织上衣	299	60
25	E0008	服装	单件裤子	399	60
26	E0009	服装	单件裤子	369	80

图12-4-2　提取全部不重复记录信息的结果
【实例文件名：第7天-Part12.xlsx/课时12-4】

数据[课时12-4$K1:O11]

款号	大类	品名	零售价	数量
E0001	服装	卫衣	359	50
E0001	服装	长T恤	299	70
E0003	服装	长T恤	259	20
E0003	服装	长T恤	259	20
E0003	服装	马甲	279	100
E0006	服装	网球裙	299	150
E0007	服装	针织上衣	299	60
E0008	服装	单件裤子	399	60
E0009	服装	单件裤子	369	80
E0009	服装	单件裤子	369	80

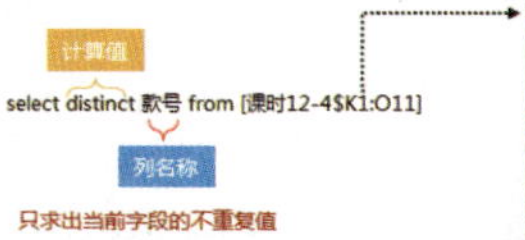

图12-4-3　提取指定不重复记录信息的语句
【实例文件名：第7天-Part12.xlsx/课时12-4】

操作步骤和提取全部不重复记录信息时一样，只要将这里的语句输入“命令文本”中即可得出结果（图12-4-4）。

红太狼 这几个语句的主要结构一样，变化一点点就可以得到新的结果，好用！

款号
E0001
E0003
E0006
E0007
E0008
E0009

图12-4-4　提取指定不重复记录信息的结果
【实例文件名：第7天-Part12.xlsx/课时12-4】

课时 12-5　单求——查最大、最小、总量、平均量，及种类计数方法

红太狼 在SQL中这些函数的使用和Excel中应该差不多吧？

灰太狼：是的，在SQL的主要语句中加入这些函数名称就可以了。

① 最大值：select max(数量) from [课时12-5$K1:O11]（图12-5-1）。直接使用函数公式可以得出最大值是150。

数据[课时12-5$K1:O11]

款号	大类	品名	零售价	数量
E0001	服装	卫衣	359	50
E0001	服装	长T恤	299	70
E0003	服装	长T恤	259	20
E0003	服装	长T恤	259	20
E0003	服装	马甲	279	100
E0006	服装	网球裙	299	150
E0007	服装	针织上衣	299	60
E0008	服装	单件裤子	399	60
E0009	服装	单件裤子	369	80
E0009	服装	单件裤子	369	80

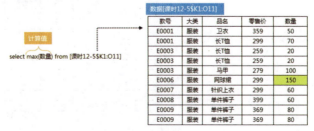

图12-5-1　用SQL语句求最大值
【实例文件名：第7天-Part12.xlsx/课时12-5】

复制SQL语句写入“命令文本”，“显示方式”选择数据透视表，得出结果150。

② 最小值：select min(数量) from [课时12-5$K1:O11]。当最小值有多个时，结果只显示一个（图12-5-2）。

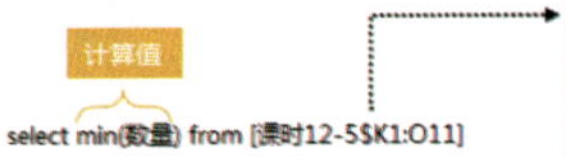

数据[课时12-5$K1:O11]

款号	大类	品名	零售价	数量
E0001	服装	卫衣	359	50
E0001	服装	长T恤	299	70
E0003	服装	长T恤	259	20
E0003	服装	长T恤	259	20
E0003	服装	马甲	279	100
E0006	服装	网球裙	299	150
E0007	服装	针织上衣	299	60
E0008	服装	单件裤子	399	60
E0009	服装	单件裤子	369	80
E0009	服装	单件裤子	369	80

图12-5-2　用SQL语句求最小值

【实例文件名：第7天-Part12.xlsx/课时12-5】

③ 总量：select sum(数量) from [课时12-5$K1:O11]（图12-5-3）。复制SQL语句写入“命令文本”，“显示方式”选择数据透视表，得出结果690。

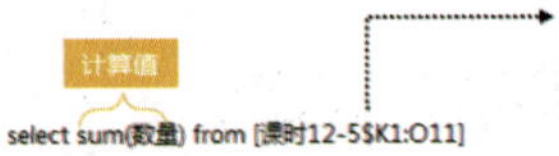

数据[课时12-5$K1:O11]

款号	大类	品名	零售价	数量
E0001	服装	卫衣	359	50
E0001	服装	长T恤	299	70
E0003	服装	长T恤	259	20
E0003	服装	长T恤	259	20
E0003	服装	马甲	279	100
E0006	服装	网球裙	299	150
E0007	服装	针织上衣	299	60
E0008	服装	单件裤子	399	60
E0009	服装	单件裤子	369	80
E0009	服装	单件裤子	369	80
				690

图12-5-3　用SQL语句求总量

【实例文件名：第7天-Part12.xlsx/课时12-5】

④ 平均量：select avg(数量) from [课时12-5$K1:O11]（图12-5-4）。复制SQL语句写入“命令文本”，“显示方式”选择数据透视表，得出结果69。

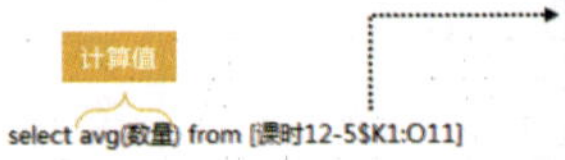

数据[课时12-5$K1:O11]

款号	大类	品名	零售价	数量
E0001	服装	卫衣	359	50
E0001	服装	长T恤	299	70
E0003	服装	长T恤	259	20
E0003	服装	长T恤	259	20
E0003	服装	马甲	279	100
E0006	服装	网球裙	299	150
E0007	服装	针织上衣	299	60
E0008	服装	单件裤子	399	60
E0009	服装	单件裤子	369	80
E0009	服装	单件裤子	369	80
				69

图12-5-4　用SQL语句求平均量

【实例文件名：第7天-Part12.xlsx/课时12-5】

⑤ 种类计数：select count(数量) from [课时12-5$K1:O11]（图12-5-5）。复制SQL语句写入"命令文本"，"显示方式"选择数据透视表，得出结果10。

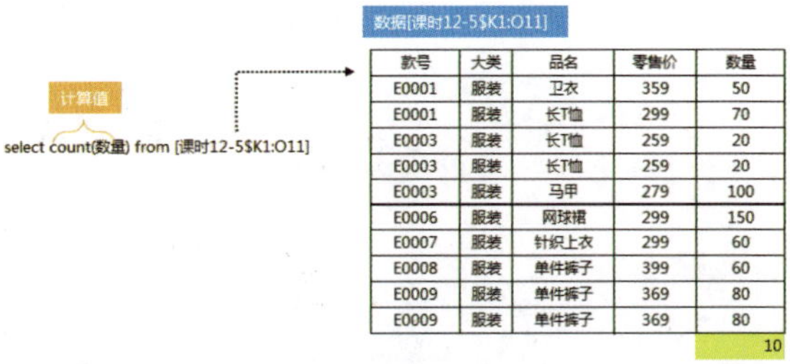

以上例子中，计算值没有重新命名一个字段名称，系统默认为"Expr1000"。如果要重新命名字段名称，则语法为"select count(数量) as 计数 from [课时12-5$K1:O11]"。as后面紧跟要重新命名的字段名称。

图12-5-5　用SQL语句求种类计数

【实例文件名：第7天-Part12.xlsx/课时12-5】

红太狼 SQL语法中函数的用法和Excel函数的用法类似，好学！

课时 12-6　汇总——查最大、最小、总量、平均量，及种类计数方法

红太狼 这些函数的汇总是什么意思？

灰太狼：上一节学的SQL函数得出的结果是一个值，没有具体的信息，这一节的汇总就是要把具体的信息也查找出来。

在主要语法结构中加入显示具体信息的语句group by。除了函数计算的字段外，如果想要显示其他明细，就得使用 group by语句调出具体信息。

如要调出零售价、大类、品名3个信息，SQL语句是"select 零售价,大类,品名,max(数量),min(数量),sum(数量),avg(数量),count(数量) from [课时12-6$K1:O11]

group by 零售价,大类,品名"（图12-6-1）。

对于得出的结果，默认的字段名称不好分辨，可以在语句中命名好各个字段名称。修改语句如"select 零售价,大类,品名,max(数量) as 最大值,min(数量) as 最小值,sum(数量) as 总量,avg(数量) as 平均量,count(数量)

图12-6-1　用SQL语句求值并显示具体信息

【实例文件名：第7天-Part12.xlsx/课时12-6】

as 计数 from[课时12-6$K1:O11]group by 零售价，大类，品名"（图12-6-2）。

大类	品名	零售价	值 最大值	最小值	总量	平均量	计数
服装	单件裤子	369	80	80	160	80	2
		399	60	60	60	60	1
	马甲	279	100	100	100	100	1
	网球裙	299	150	150	150	150	1
	卫衣	359	50	50	50	50	1
	长T恤	259	20	20	40	20	2
		299	70	70	70	70	1
	针织上衣	299	60	60	60	60	1
总计			590	590	690	590	10

图12-6-2　重命名字段名称
【实例文件名：第7天-Part12.xlsx/课时12-6】

select后面的3个信息值和group by后的3个信息值是一样的。

红太狼　语句中加上group by查看计算结果就方便多了！

课时 12-7　突出前3名与后3名的明细

红太狼　找出前几名和后几名又要用到什么新的语句呢？

灰太狼：有降序（desc）和升序（asc），两者都为top服务。order by和desc结合使用，表示"针对什么进行降序排序"。

语句"select top 3 * from [课时12-7$K1:O11] order by 数量 desc"表示：课时12-7中K1:O11区域内的"数量"降序排序后，找出前3名的所有记录信息（图12-7-1）。

复制语句写入"命令文本"，得出数据透视表，调整布局后得出前3名的信息（图12-7-2）。

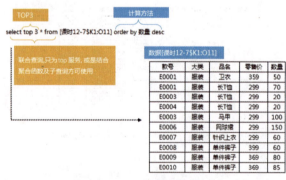

图12-7-1　突出前3名信息的SQL语句
【实例文件名：第7天-Part12.xlsx/课时12-7】

图12-7-2　突出前3名信息
【实例文件名：第7天-Part12.xlsx/课时12-7】

找出后3名的语句和找出前3名的差不多，将最后的排序由降序（desc）换成升序（asc）即可（图12-7-3）。

复制语句写入"命令文本"，得出数据透视表，调整布局后得出后3名的信息（图12-7-4）。

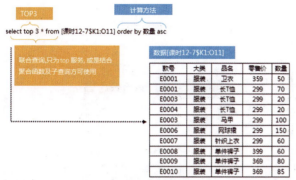

图12-7-3　突出后3名信息的SQL语句
【实例文件名：第7天-Part12.xlsx/课时12-7】

图12-7-4　突出后3名信息
【实例文件名：第7天-Part12.xlsx/课时12-7】

红太狼　注意语句的结合使用就不会出错，简单！

课时 12-8　条件值where查询>、<、<>

红太狼　where要和别的语句结合使用吗？

灰太狼：暂时不需要，这里的判断较简单，后面加"字段名称"和"条件值"就可以。

如查询"款号=E003"，SQL语句的写法是：select * from [课时12-8$K1:O11] where 款号 = "E0003"（图12-8-1），这里的条件值E003要加上双引号，否则结果会出错。

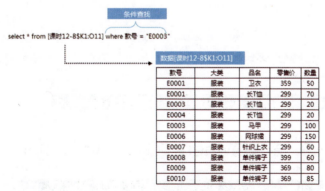

图12-8-1　条件值where查询"款号=E003"的语句
【实例文件名：第7天-Part12.xlsx/课时12-8】

复制语句写入"命令文本"，得出数据透视表，调整布局得出"款号=E003"的信息（图12-8-2）。

符合两个条件值的语句：select * from [课时12-8$K1:O11] where款号="E0003"or款号="E0001"，中间用or连接。

复制语句写入"命令文本"，得出数据透视表，调整布局得出"款号=E003"和"款号=E001"的信息（图12-8-3）。

	K	L	M	N	O
15	求和项:数量				
16	款号	大类	品名	零售价	汇总
17	E0003	服装	马甲	299	100
18	E0003	服装	长T恤	299	20
19	总计				120

图12-8-2　条件值where查询"款号=E003"的结果
【实例文件名：第7天-Part12.xlsx/课时12-8】

	K	L	M	N	O
36	求和项:数量				
37	款号	大类	品名	零售价	汇总
38	E0001	服装	卫衣	359	50
39	E0001	服装	长T恤	299	70
40	E0003	服装	马甲	299	100
41	E0003	服装	长T恤	299	20
42	总计				240

图12-8-3　条件值where查询"款号=E003"和"款号=E001"的结果
【实例文件名：第7天-Part12.xlsx/课时12-8】

如查询"款号<>E003"，SQL语句写法是：select * from [课时12-8$K1:O11] where 款号 <> "E0003"（图12-8-4）。

不等于<>　select * from [课时12-8$K1:O11] where 款号 <> "E0003"

款号	大类	品名	零售价	汇总
E0001	服装	卫衣	359	50
E0001	服装	长T恤	299	70
E0004	服装	长T恤	299	20
E0006	服装	网球裙	299	150
E0007	服装	针织上衣	299	60
E0008	服装	单件裤子	399	60
E0009	服装	单件裤子	369	80
E0010	服装	单件裤子	369	85
总计				575

图12-8-4　条件值where查询"款号<>E003"的结果
【实例文件名：第7天-Part12.xlsx/课时12-8】

如查询"数量>50"的SQL语句：select * from [课时12-8$K1:O11] where 数量 > 50。

最近讲解的几个SQL语句都是单独书写，相对较简单，需要多练习，为之后写复杂的SQL语句做准备。

红太狼　确实，单独看都很容易写，结合来写可能会有点难度。

课时 12-9　条件值where查询or、in、not in、and

红太狼　简单的语句写了这么多，现在随便来个语句都能理解了。

灰太狼：是必须要理解了，再不理解就是不够用心了。再加几个简单的新语句。

in/not in：表示在这个范围内或者不在这个范围内。复制语句写入"命令文本"，得出数据透视表，调整布局得出满足条件的信息（图12-9-1）。

IN/NOT IN用	select * from [课时12-9$K1:O11] where 款号 not in ("E0001","E0003")

款号	大类	品名	零售价	汇总
E0004	服装	长T恤	299	20
E0006	服装	网球裙	299	150
E0007	服装	针织上衣	299	60
E0008	服装	单件裤子	399	60
E0009	服装	单件裤子	369	80
E0010	服装	单件裤子	369	85
总计				455

图12-9-1　条件值where查询not in的语句

【实例文件名：第7天-Part12.xlsx/课时12-9】

and：表示同时满足两个条件。复制语句写入"命令文本"，得出数据透视表，调整布局得出满足条件的信息（图12-9-2）。

AND用法	select * from [课时12-9$K1:O11] where 数量 > 50 and 数量 <100

款号	大类	品名	零售价	汇总
E0001	服装	长T恤	299	70
E0007	服装	针织上衣	299	60
E0008	服装	单件裤子	399	60
E0009	服装	单件裤子	369	80
E0010	服装	单件裤子	369	85
总计				355

图12-9-2　条件值where查询and的语句

【实例文件名：第7天-Part12.xlsx/课时12-9】

红太狼　这两个语句也很简单，get！

课时 12-10　条件值where查询 between and

红太狼　还有语句可以继续加入吗？

灰太狼：是的。再加入一个新的语句between and。

第1种用法是：select列名称 from[表名$]where列名称 between 条件 and 条件。"查找数量介于 50到100的信息"的SQL语句就 可以写成：select*from [课时12- 10$K1:O11] where数量 between 50 and 100（图12-10-1）。

复制语句写入"命令文本"，

select * from [课时12-10$K1:O11] where 数量 between 50 and 100

数据[课时12-10$K1:O11]

款号	大类	品名	零售价	数量
E0001	服装	卫衣	359	50
E0001	服装	长T恤	299	70
E0003	服装	长T恤	299	20
E0004	服装	长T恤	299	20
E0003	服装	马甲	299	100
E0006	服装	网球裙	299	150
E0007	服装	针织上衣	299	60
E0008	服装	单件裤子	399	60
E0009	服装	单件裤子	369	80
E0010	服装	单件裤子	369	85

图12-10-1　条件值where查询between and的语句

【实例文件名：第7天-Part12.xlsx/课时12-10】

得出数据透视表，调整布局得出满足条件的信息（图12-10-2）。

第2种用法：满足多个between and条件的语句是"select * from [课时12-10$K1:O11] where 数量 between 50 and 100 or 数量 between 120 and 160"。用or连接，复制语句写入"命令文本"，得出数据透视表，调整布局得出满足条件的信息（图12-10-3）。

图12-10-2　条件值where查询between and的结果
【实例文件名：第7天-Part12.xlsx/课时12-10】

图12-10-3　where查询多个between and语句
【实例文件名：第7天-Part12.xlsx/课时12-10】

第3种用法：between and 和其他语句多条件组合使用。如"select * from [课时12-10$K1:O11] where 款号 <> "E0001"and (数量<50 or 数量>100) and 品名 = "长T恤""，表示的意思是"取款号不是E0001，数量小于50或大于100，且品名为长T恤的信息"。复制语句写入"命令文本"，得出数据透视表，调整布局得出满足条件的信息（图12-10-4）。

图12-10-4　多条件组合使用的语句
【实例文件名：第7天-Part12.xlsx/课时12-10】

红太狼　多条件的语句容易写错，拆分开一个个写好再组合就可避免写错了！

课时 12-11　条件值where查询 like 通配符使用

红太狼　这里说的通配符和自定义格式中的一样吗？

灰太狼：代表的字符不一样，对应的意思一样。

%：相当于自定义格式中的*，都表示多个字符。

如“select * from [课时12-11$K1:O11] where 品名like“单%””，表示“以‘单’开头”；

如要表示“不是以‘单’开头”，则写成“not like”；

如要表示“以‘单’结尾”，则写成“%单”；

如要表示“包含‘单’”，则写成“%单%”（图12-11-1）。

款号	大类	品名	零售价	数量
E0001	服装	卫衣	359	50
E0001	服装	长T恤	297	70
E0003	服装	长T恤	296	20
E0004	服装	长T恤	299	20
E0003	服装	马甲	298	100
E0006	服装	网球裙	299	150
E0007	服装	针织上衣	299	60
E0008	服装	单件裤子	399	60
E0009	服装	单件裤子	369	80
E0010	服装	单件裤子	369	85

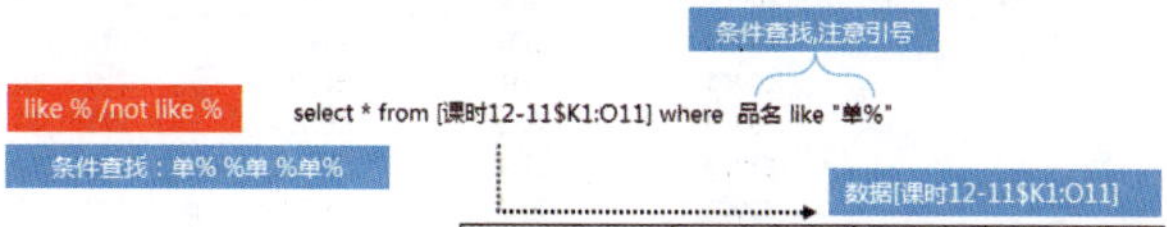

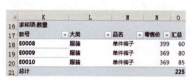

图12-11-1 where like查询以“单”开头的语句

【实例文件名：第7天-Part12.xlsx/课时12-11】

复制语句写入“命令文本”，得出数据透视表，调整布局得出满足条件的信息（图12-11-2）。

	K	L	M	N	O
16	求和项:数量				
17	款号	大类	品名	零售价	汇总
18	E0008	服装	单件裤子	399	60
19	E0009	服装	单件裤子	369	80
20	E0010	服装	单件裤子	369	85
21	总计				225

图12-11-2 where like查询以“单”开头的结果

【实例文件名：第7天-Part12.xlsx/课时12-11】

_：相当于自定义格式中的“？”，表示一个字符。

如“select * from [课时12-11$K1:O11] where 品名 like “_衣””，表示“以‘衣’结尾的两个字符”；

如要表示“中间是T的3个字符”，则写成“_T_”；

如要表示“以‘单’开头的两个字符”，则写成“单_”（图12-11-3）。

款号	大类	品名	零售价	汇总
E0001	服装	卫衣	359	50
总计				50

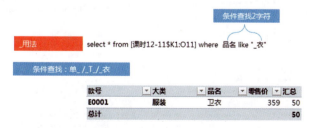

图12-11-3 where like查询以“衣”结尾的双字符的语句

【实例文件名：第7天-Part12.xlsx/课时12-11】

[ ]：这个通配符和自定义格式中的一样，用来表示英文、数字和汉字的区间。

如"select * from [课时12-11$K1:O11] where零售价like "29[0-9]""，表示"290-299的区间"（图12-11-4）。

图12-11-4　where like查询290-299区间的语句

【实例文件名：第7天-Part12.xlsx/课时12-11】

红太狼　记住了通配符的用法，语句也很容易写！

课时 12-12　修改OLE DB查询路径自动查询当前工作表的位置

红太狼　一旦移动工作簿的位置SQL语句就不能刷新，怎么办？

灰太狼：移动工作簿的位置后刷新用SQL语句创建的数据透视表确实会出现问题（图12-12-1），这时只需要修改"连接字符串"中的文件保存路径即可。

图12-12-1　移动工作簿位置后刷新出错的提示框

【实例文件名：第7天-Part12-副本.xlsx/课时12-8】

具体操作步骤如下：选中数据透视表→"数据透视表工具"→"分析"→"数据"→"连接属性"→"定义"→找到文件的保存路径（图12-12-2）。

图12-12-2　找到文件的保存路径

【实例文件名：第7天-Part12-副本.xlsx/课时12-8】

再找到文件放置的新路径（图12-12-3）。

图12-12-3　找到文件保存的新路径
【实例文件名：第7天-Part12-副本.xlsx/课时12-8】

复制新路径和工作簿的名称，替换"连接字符串"中的路径（图12-12-4）→"确定"。

图12-12-4　替换路径
【实例文件名：第7天-Part12-副本.xlsx/课时12-8】

修改路径相对也简单。多表合并和子嵌套就不讲解了，这个需要在扎实的基础上继续深入学习SQL，相对较难。

红太狼 ◀目前学过的SQL基础语句在数据透视表中已经够用了，等熟练之后再考虑深入学习吧！

灰太狼：伟人都说"21"天可以培养一个新习惯！

第一，SQL的基础知识。

① 了解SQL的使用方法；

② 理解SQL语法结构。

第二，SQL基础用法。

① 合并两个工作表使用union all；

② 提取不重复的值使用distinct；

③ SQL结合基本函数max、min、sum、avg、count；

④ order by结合desc（或asc）找出前几名（或后几名）的值。

第三，条件值where查询。

① 条件值where查询>、<、<>；

② 条件值where查询or、in、not in、and；

③ 条件值where查询 between and；

④ 条件值where查询 like 通配符使用。

对于新手而言，写SQL语句有难度的话也可以保存一些常用的语句，用时直接在此基础上修改即可！

第8天
The Eight Day

数据透视表还可以使用Microsoft Query进行创建，对于不同的数据源类型，也可以在获取外部数据时选择不同的数据源类型。

Part 13　使用Microsoft Query创建透视表

灰太狼Part 13提示：**认识数据库的应用！**

课时 13-1　Microsoft Query创建透视表

红太狼 什么是Microsoft Query?

灰太狼：是一种查询工具，从ODBC数据库中查询，也能从当前Excel本身抽取数据，优点是可以满足多个工作表中的条件查找和合并。

红太狼 那要怎么使用Microsoft Query来创建透视表呢?

灰太狼：先用 "数据" → "自其他来源" → "来自Microsoft Query" （图13-1-1），找到这一项功能。

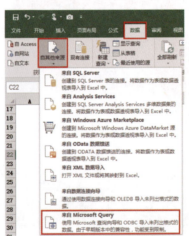

图13-1-1　Microsoft Query的位置

【实例文件名：第8天-Part13.xlsx/课时13-1】

　　然后在弹出的 "选择数据源" 对话框中，选择 "Excel Files*" →不勾选 "使用|查询向导|创建/编辑查询" → "确定" （图13-1-2）。

　　在 "选择工作簿" 对话框中找到工作簿放置的目录位置→找到工作簿→ "确定" 即可（图13-1-3）。如果工作簿放在C盘，找目录可能有点麻烦，可以考虑把工作簿放在D盘或E盘，查找时相对较简单。

图13-1-2　Microsoft Query "选择数据源"
对话框

【实例文件名：第8天-Part13.xlsx/课时13-1】

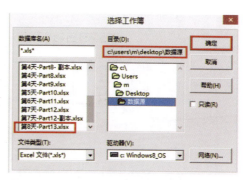

图13-1-3　Microsoft Query "选择工作簿"
对话框

【实例文件名：第8天-Part13.xlsx/课时13-1】

　　在弹出的 "添加表" 对话框中，如果没有显示工作表，则选择 "选项" →在 "表选项" 对话框中选择 "系统表" → "确定" ，这时 "添加表" 对话框中就会显示出这个工作簿中的所有工作表（图13-1-4）。

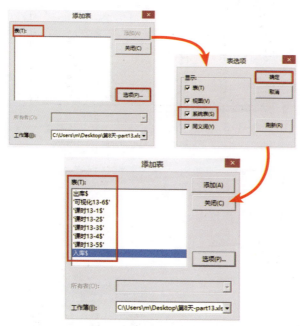

图13-1-4　Microsoft Query "添加表" 中表选项的设置

【实例文件名：第8天-Part13.xlsx/课时13-1】

　　选择要添加的工作表（如 "入库" ）→ "添加" ，这里可以添加多个工作表，凡是 "添加" 过的工作表都会出现在左侧的Microsoft Query对话框中， "添加" 完成后 "关闭" 即可（图13-1-5）。

131

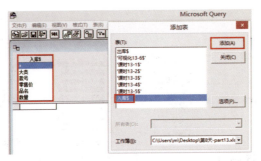

图13-1-5　添加表
【实例文件名：第8天-Part13.xlsx/课时13-1】

双击"*"，则工作表入库中的所有内容都添加到记录中，再双击"大类"，则工作表入库中的"大类"一列继续添加到后面的列中（图13-1-6）。

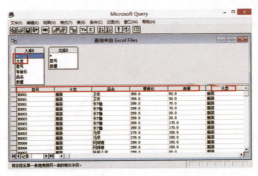

图13-1-6　添加字段
【实例文件名：第8天-Part13.xlsx/课时13-1】

添加字段后，关闭对话框，则弹出"导入数据"对话框，选择"数据透视表"→选择数据的放置位置→"确定"（图13-1-7）。

调整数据透视表的布局，出现两个"大类"（图13-1-8）是因为添加字段时一次性加入全部数据，又再次加入"大类"造成的。

图13-1-7　设置导入数据
【实例文件名：第8天-Part13.xlsx/课时13-1】

4	B	C	D	E	F	G
	求和项:数据					
5	款号 ▼	大类2 ▼	大类 ▼	品名 ▼	零售价 ▼	汇总
6	E0001	服装	服装	卫衣	359	100
7	E0003	服装	服装	长T恤	259	40
8	E0006	服装	服装	网球裙	299	300
9	E0007	服装	服装	针织上衣	299	120
10	E0008	服装	服装	单件裤子	399	120
11	E0009	服装	服装	单件裤子	369	160
12	E0002	服装	服装	长T恤	299	140
13	E0004	服装	服装	长T恤	259	340
14	E0005	服装	服装	马甲	279	200
15	E0010	服装	服装	毛衣	289	220
16	总计					1740

图13-1-8　使用Microsoft Query创建的数据透视表
【实例文件名：第8天-Part13.xlsx/课时13-1】

　　创建数据透视表之后，再查看数据透视表的"连接属性"，可以看到在"命令文本"中已经有现成的SQL语句（图13-1-9）。这就是使用Microsoft Query简便的地方，通过对一些已有功能项的使用就可以自动生成SQL语句。

图13-1-9　数据透视表的连接属性中的SQL语句

【实例文件名：第8天-Part13.xlsx/课时13-1】

红太狼 看起来操作步骤很多，但那也比直接写语句方便多了！

课时 13-2　Microsoft Query界面解说

红太狼 Microsoft Query的功能区界面看得眼花缭乱，图标太多了。

灰太狼：功能区的界面里带有文字的比较好理解，没有文字只有图标的那一行看起来比较费劲，下面按照从左到右的顺序逐个解释一下（图13-2-1）。

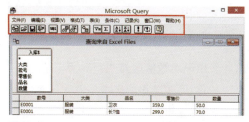

图13-2-1　Microsoft Query功能区界面

【实例文件名：第8天-Part13.xlsx/课时13-2】

第1个图标：新建查询。单击则弹出"选择数据源"对话框（图13-2-2），通过这个功能项可以往Microsoft Query中添加更多的工作簿。

图13-2-2　"选择数据源"对话框

【实例文件名：第8天-Part13.xlsx/课时13-2】

第2个图标：打开查询。单击则弹出"打开查询"对话框，可以查看已有的文件。

第3个图标：保存文件。

第4个图标：将数据返回到Excel。单击则弹出提示框（图13-2-3）。

图13-2-3　将数据返回到Excel的提示框

【实例文件名：第8天-Part13.xlsx/课时13-2】

第5个图标：显示SQL。单击则弹出SQL语句编辑框（图13-2-4）。如有已添加的数据，则会显示已添加数据的SQL语句，还可以在这里编辑SQL语句。

第6个图标：显示/隐藏表。对添加的工作表进行显示与否的设置。

第7个图标：显示/隐藏条件。对条件值进行显示与否的设置。

第8个图标：添加表。单击则弹出"添加表"对话框，对已有工作簿中的工作表可以再次添加。

图13-2-4　SQL语句编辑框

【实例文件名：第8天-Part13.xlsx/课时13-2】

第9个图标：相等条件。

第10个图标：循环总计。用于对数值区域进行计算。

第11和12个图标：升序排序/降序排序。选中条件字段可以进行排序。

第13和14个图标：立即查询/自动查询。默认选择自动查询。

第15个图标：帮助。单击则弹出帮助对话框（图13-2-5），相当于Microsoft

Query的使用说明书。

图13-2-5　Microsoft Query帮助对话框

【实例文件名：第8天–Part13.xlsx/课时13-2】

红太狼　一个个点一遍再结合帮助就知道用法了！

课时 13-3　汇总两个表格数据(进与销)

红太狼　两个表格数据放一起的操作已经学过，要怎么关联起来呢？

灰太狼：前几个步骤都学过，这里就不重复了，直接从添加两个工作表后开始讲解。选中"入库"工作表里的"款号"→按住鼠标左键将其拖动到"出库"工作表里的"款号"位置→双击连接线→"连接内容"选择"2"→"添加"→"关闭"（图13-3-1）。

图13-3-1　连接两表

【实例文件名：第8天–Part13.xlsx/课时13-3】

135

"入库"工作表内容选择双击"*"→"出库"工作表中选择双击"数量",将两个工作表内容都汇总到一起(图13-3-2),关闭对话框。

插入数据透视表,调整布局,得出结果(图13-3-3)。

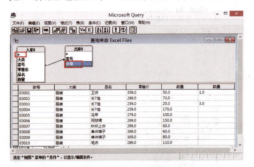

图13-3-2　Microsoft Query添加字段
【实例文件名:第8天-Part13.xlsx/课时13-3】

图13-3-3　Microsoft Query两个工作表合并的结果
【实例文件名:第8天-Part13.xlsx/课时13-3】

红太狼　原来差一个连接线,简单!

课时 13-4　多个工作表或工作簿合并

红太狼　这里的多表合并和上一节的汇总两个表格有什么区别?

灰太狼:上一节的汇总是将后一个工作表的数据添加到前一个工作表的右边列,这里的多表合并是将其他工作表的内容添加到第1个工作表的下边行。

如已添加第1个工作表,双击"大类"添加字段→SQL→弹出SQL编辑框(图13-4-1)。

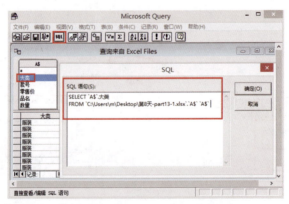

图13-4-1　Microsoft Query多表合并第1步
【实例文件名:第8天-Part13.xlsx/课时13-4】

修改SQL语句，将"`A$`.大类"改成"*"，语句最后加"union all"（图13-4-2）。

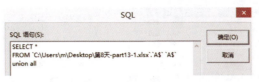

图13-4-2 修改SQL语句

【实例文件名：第8天-Part13.xlsx/课时13-4】

复制语句粘贴两次，修改工作表名称分别为b和c（图13-4-3）。

图13-4-3 添加多个工作表语句

【实例文件名：第8天-Part13.xlsx/课时13-4】

添加后两个工作簿时，则复制（图13-4-3）语句粘贴两次，修改工作簿的名称并删除最后一个union all（图13-4-4）。

图13-4-4 Microsoft Query添加多个工作簿语句

【实例文件名：第8天-Part13.xlsx/课时13-4】

修改好SQL语句后，"确定"关闭Microsoft Query对话框，返回"导入数据"对话框，选择"数据透视表"→选择数据透视表放置的位置→调整数据透视表布局（图13-4-5）。

可以打开所有工作表，检查一下数量求和结果是否正确。

打开数据透视表"连接属性"，在"命令文本"下方有一个"编辑查询"按钮（图13-4-6），单击可以返回Microsoft Query继续修改SQL语句。

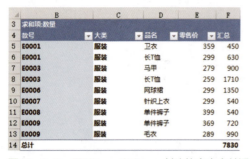

图13-4-5　用Microsoft Query创建的多表合并透视表　　　图13-4-6　数据透视表连接属性中的编辑查询
【实例文件名：第8天-Part13.xlsx/课时13-4】　　　　　【实例文件名：第8天-Part13.xlsx/课时13-4】

红太狼 〈原来多表合并和多表汇总是两种不同的整理数据源的方法！〉

课时 13-5　使用代码自动查询当前工作表的位置

红太狼 〈自动查询工作表的位置是比之前的修改OLE DB还要简单吗？〉

灰太狼：是的，之前修改OLE DB查询路径是需要手动去修改，这次不需要手动修改保存工作表的路径。

　　将工作簿另存为"Excel启用宏的工作簿"，打开工作簿→按快捷键Alt+F11打开VBA编辑器→双击"ThisWorkbook"→写入代码（图13-5-1）。

　　操作完成之后，再移动工作簿的位置，刷新数据透视表，就不会弹出提示框，数据透视表会自动刷新完成。

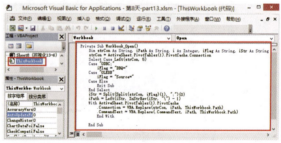

图13-5-1　自动查询当前工作表位置的代码
【实例文件名：第8天-Part13.xlsx/课时13-5】

红太狼 〈这个方便，不用替换路径，复制代码就能搞定！〉

课时 13-6　数据查询出现问题的成因及解决方案

红太狼 〈数据查询出现问题该怎么解决呢？〉

灰太狼：出现问题的原因有很多。当操作正确时，可能出错的地方有以下两个。

　　第1个：外部表不是预期的格式。可以检查一下外部表的格式是否符合要求。

　　第2个：没有安装驱动程序或者没有更新。目前安装Microsoft Office 2010版或以上版本的，基本上不会出现这类问题。打开"控制面板"→"系统和安全"→"管理工具"（图13-6-1）。

图13-6-1　找到"管理工具"

【实例文件名：第8天-Part13.xlsx/课时13-6】

在"管理工具"中找到"ODBC数据源"（图13-6-2）。

图13-6-2　找到ODBC数据源

【实例文件名：第8天-Part13.xlsx/课时13-6】

找到名为"Excel Files"的用户数据源。如没有，则单击"添加"→找到正确的驱动程序→"完成"即可（图13-6-3），设置好后重启Excel即可。

图13-6-3　找到并添加驱动程序

【实例文件名：第8天-Part13.xlsx/课时13-6】

红太狼 ▶ 第2个问题还没碰到过，第1个问题值得留意！

Part 14 多种类型数据源创建透视表

灰太狼Part 14提示：**多种类型数据创建透视表！**

🎬 课时 14-1　导入文本值创建数据透视表

红太狼 　导入文本值来创建数据透视表应怎么操作呢？

灰太狼：使用"数据"→"获取外部数据"→"自文本"操作（图14-1-1）调出"导入文本文件"对话框。

图14-1-1　导入文本值的功能项

【实例文件名：第8天-Part14.xlsx/课时14-1】

　　在"导入文本文件"对话框中找到文件→"导入"（图14-1-2）。

　　在弹出的"文本导入向导-第1步"中，选择最合适的文件类型"分隔符号"→选择"数据包含标题"→"下一步"（图14-1-3）。

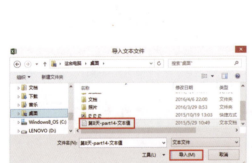

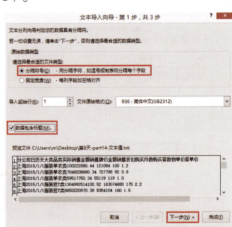

图14-1-2　找到文本文件的位置

【实例文件名：第8天-Part14.xlsx/课时14-1】

图14-1-3　文本导入向导第1步

【实例文件名：第8天-Part14.xlsx/课时14-1】

　　选择分隔符号"Tab键"→"下一步"（图14-1-4）。

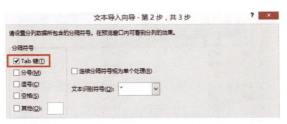

图14-1-4 文本导入向导第2步

【实例文件名：第8天-Part14.xlsx/课时14-1】

选择列数据格式"常规"→"完成"（图14-1-5）。

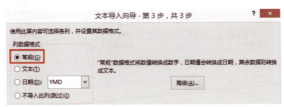

图14-1-5 文本导入向导第3步

【实例文件名：第8天-Part14.xlsx/课时14-1】

在默认的"导入数据"对话框中，"显示方式"是默认的"表"，不能选择其他3种，必须勾选"将此数据添加到数据模型"后，才能选择其他几种方式。这里选择"数据透视表"→"确定"（图14-1-6）。

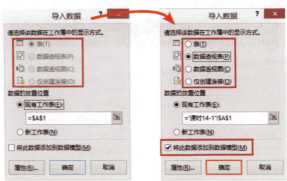

图14-1-6 选择显示方式和放置位置

【实例文件名：第8天-Part14.xlsx/课时14-1】

使用这种方式插入的数据透视表，调整布局之后，默认的"求和项"变成了"以下项目的总和"（图14-1-7），这是稍微不同的地方。

如在"导入数据"时未选择"将此数据添加到数据模型"，则导入的"表"就是普通的"表"。当文本文件中的数据格式不规范时，不适合用导入文本值的方法来创建数据透视表。

红太狼 看来数据透视表对数据源的要求不管用哪种创建方法都一样严格！

	A	B	C	D
1		值		
2	分公司 ▼	大类 ▼	以下项目的总和:实际销售金额	以下项目的总和:购买件数
3	北京	服装	4035731	39445
4		配件	112592	3059
5		鞋	3976312	22026
6	北京 汇总		8124635	64530
7	南京	服装	2438086.2	21988
8		配件	60888	2413
9		鞋	2522466.8	15279
10	南京 汇总		5021441	39680
11	上海	服装	1027485.5	11134
12		配件	30104	927
13		鞋	1111779.5	6412
14	上海 汇总		2169369	18473
15	义乌	服装	1771989	17061
16		配件	14542	882
17		鞋	1386831	9479
18	义乌 汇总		3173362	27422
19	总计		18488807	150105

图14-1-7 创建的透视表的区别

【实例文件名：第8天-Part14.xlsx/课时14-1】

课时 14-2　使用Access数据库创建数据透视表

红太狼　用Access数据库来创建数据透视表看起来好难的样子。

灰太狼：现在学的这个是简单的内容，难的内容看个人的情况再学习，具体步骤如下。

第1步：在Access中准备好数据源（图14-2-1）。

图14-2-1 在Access中准备好的数据源

【实例文件名：第8天-Part14-销售数据.accdb/data】

第2步："数据"→"自Access"（图14-2-2）。

图14-2-2 "数据"中的"自Access"功能项

【实例文件名：第8天-Part14.xlsx/课时14-2】

第3步：选取数据源。找到Access数据源工作簿"第8天-part14-销售数据"→"打开"→选择显示方式为"数据透视表"→选择数据透视表放置的位置→调整数据透视表布局（图14-2-3）。

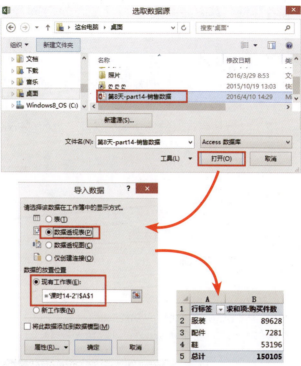

图14-2-3 使用Access数据库创建的数据透视表

【实例文件名：第8天-Part14.xlsx/课时14-2】

得出的数据透视表和直接使用数据源创建的数据透视表一样，没什么区别。

红太狼 ▷ 只是用Access来导入数据源还挺简单的！

📊 课时 14-3 初识Power View的使用方法

红太狼 ◁ 什么是Power View?

灰太狼：Power View 是一种数据可视化技术，用于创建交互式图表、图形、地图和其他视觉效果，以便直观呈现数据。Power View 以 Excel 加载项的形式提供，需要启用加载项，才能在 Excel 中使用它。

当打开使用了Power View技术的工作簿时，会有安装或重新加载的提示信息（图14-3-1）。安装附件中的程序"Silverlight_x64(power view)"即可，安装完成重新打开工作簿就可以正常显示。

图14-3-1　启用的提示信息

【实例文件名：第8天-Part14-power view.xlsx/课时14-3】

2016版Excel需要在"自定义功能区"中添加一个Power View按钮来使用此功能，方法是："文件"→"选项"→"自定义功能区"→"新建选项卡"，"新建组"→重命名成"Power View"→找到"插入Power View报表"→"添加"到新建选项卡中→"确定"（图14-3-2）。添加后可以选择功能区选项卡上的"Power View"按钮创建新的 Power View 报表页。

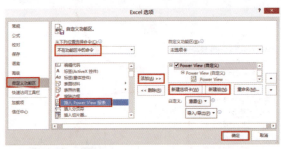

图14-3-2　添加Power View功能按钮

【实例文件名：第8天-Part14-power view.xlsx/课时14-3】

Power View 报表在创建之后，将立即在 Excel 中选作为活动工作表，同时"Power View"功能区选项卡将变为可用（图14-3-3）。

图14-3-3　Power View功能区选项卡

【实例文件名：第8天-Part14-power view.xlsx/课时14-3】

红太狼 创建新的 Power View 报表页的步骤是怎样的呢？

灰太狼：整理好一份基础数据源→Power View→Power View→"创建Power View工作表"→"确定"（图14-3-4）。

图14-3-4　Power View新建报表页

【实例文件名：第8天-Part14-power view.xlsx/data】

新建报表页的工作表名称可重命名。左侧窗口会自动生成一个表格，里面的内容如不需要，则在右下角的"字段"区域，选择对应的字段名称→"删除字段"（图14-3-5）。

图14-3-5　删除字段

【实例文件名：第8天–Part14-power view.xlsx/课时14-3】

选中调整后的表，可对表切换可视化效果。复制此表，选择右边的表→"设计"→"柱形图"→"簇状柱形图"（图14-3-6）。

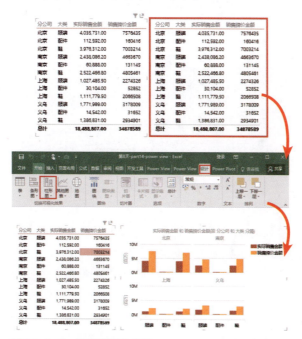

图14-3-6　切换可视化效果

【实例文件名：第8天–Part14-Power view.xlsx/课时14-3】

只有选中呈现的可视化效果图，才可以调出"设计"选项卡；只有插入Power View之后才可以调出"Power View"功能区。图14-3-6所示的功能区中，左边的Power View选项卡是我们插入的选项卡，为了好区分，也可以将选项卡命名成其他的自定义名字。

还有一种可视化效果——"地图"。使用这种效果前，先修改"格式"，方法是："控制面板"→"时钟、语言和区域"→"区域"→"格式"→"英语（美国）"（图14-3-7）。

选择数据源→单击"Power View"按钮→"创建Power View工作表"→"确定"→选中创建的表→"设计"→"地图"→调整地图大小后选中地图→"布局"→"图例"选择"无"→"数据标签"选择"上方"。

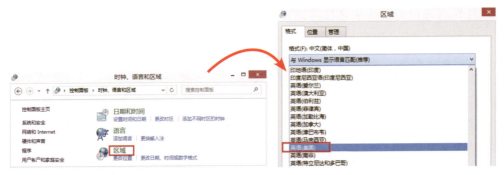

图14-3-7 修改格式
【实例文件名：第8天-Part14-VIEW-地图.xlsx/课时14-3】

默认情况下，"城市"放在"颜色"区域，将其拖动到"位置"区域（图14-3-8）。

图14-3-8 调整字段位置
【实例文件名：第8天-Part14-VIEW-地图.xlsx/课时14-3】

地图的"布局"中还有一个"地图背景"选项，选择"空中（卫星照片）地图背景"可显示（图14-3-9）。

图14-3-9 修改地图背景
【实例文件名：第8天-Part14-VIEW-地图.xlsx/课时14-3】

先简单地介绍这几个功能，了解一下基础知识，更深入的知识看个人情况再学习。

红太狼 效果看起来不错，功能项太多，不太好记，先尝试着使用一下！

第8天
学霸背后的
秘密记事本

灰太狼：这一切，都是为了让你遇见那个更好的自己！

第一，Microsoft Query的基础知识。

① Microsoft Query创建透视表；

② Microsoft Query界面解说。

第二，Microsoft Query基础用法。

① 汇总多个工作表；

② 汇总多个工作簿；

③ 使用代码自动查询当前工作表位置；

④ 数据查询出现问题的成因及解决方案。

第三，多种类型数据源创建数据透视表。

① 导入文本值创建数据透视表；

② 使用Access数据库创建数据透视表；

③ 初识Power View的使用方法。

对于新手而言，学会Microsoft Query可以解决写SQL难的问题！

第9天
The Nine Day

今天讲解如何使用PowerPivot画一个交互式的动态图表，这个知识点比较难，不要求一遍就学会。既然没有捷径，那么就在了解各个功能项的前提下，反复多次练习吧。

Part 15 初识Power Pivot与数据透视表

灰太狼Part 15提示：**Power Pivot初步认识！**

🖥 课时 15-1 初识Power Pivot构建框架

红太狼 什么是Power Pivot?

灰太狼：Power Pivot 是一种数据建模技术，用于创建数据模型，建立关系，以及创建计算。可使用 Power Pivot 处理大型数据集，构建广泛的关系，以及创建复杂（或简单）的计算，这些操作全部在高性能环境中（这些操作需要大量电脑内存，建议内存配置在4G或4G以上）和 Excel 内执行。

红太狼 如何调出Power Pivot?

灰太狼：Power Pivot 以 Excel 加载项的形式提供。2013版的Excel和2016版的Excel安装后就有，2010版的Excel经"开发工具"→"COM加载项"中选择"Microsoft Power Pivot for Excel"→"确定"操作即可使用（图15-1-1）。

图15-1-1 通过COM加载项调出Power Pivot
【实例文件名：第9天-Part15.xlsx/data】

还可以用"文件"→"选项"→"自定义功能区"→"主选项卡"→勾选"Power Pivot"→"确定"操作调出（图15-1-2）。

红太狼 那么Power Pivot有什么功能呢？

灰太狼：可以把Power Pivot看作一

图15-1-2 通过自定义功能区调出Power Pivot
【实例文件名：第9天-Part15.xlsx/data】

个容器，这个容器可以处理数据源并呈现最后的处理结果。Power Pivot存储器具有创建层次结构，函数计算，提供2GB容量，性能高（运行万行和百行的速度一样），以及修改新建报表的能力（图15-1-3）。

图15-1-3　Power Pivot的功能

Power Pivot的数据源分为两种：外部数据源和表格内部的数据源（图15-1-4）。

图15-1-4　Power Pivot的数据源

Power Pivot的呈现效果有4种：透视表，透视图，View以及其他（图15-1-5）。

图15-1-5　Power Pivot的呈现效果

红太狼　单看理论知识不太好懂，等后续结合实例理解会比较好！

课时 15-2　创建一个Pivot数据模型并认识"开始"选项卡

红太狼　Power Pivot的功能区有好多按钮，都有什么作用呢？

灰太狼：主要分4部分功能（图15-2-1）。

第1部分：数据模型

单击"管理"，会弹出"Power Pivot for Excel"窗口，如已添加过数据源，则窗口中有内容，反之则是空白（图15-2-2）。

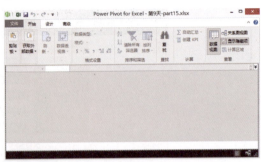

图15-2-1　Power Pivot的功能区　　　　图15-2-2　Power Pivot for Excel窗口

第2部分：计算

度量值：使用方法类似于Excel中的公式，有"新建度量"和"管理度量"两种。

KPI：使用方法类似于Excel中的"条件格式"，有"新建KPI"和"管理KPI"两种。

第3部分：表格

添加到数据模型：举例说明。选中工作表中的数据源A1:L26→"Power Pivot"→"表格"→选择"添加到数据模型"→选择"我的表具有标题"→"确定"（图15-2-3）。此操作将Excel表添加到数据模型中以创建链接表。添加到数据模型中的表自动命名为"表1"，可以重命名。

图15-2-3　将Excel表添加到数据模型

【实例文件名：第9天-Part15.xlsx/data】

全部更新：更新已链接到Excel中的表的所有Power Pivot表。当数据源有更新时，选择"全部更新"则所有的Power Pivot表全部更新。

第4部分：关系

检测：自动检测并创建用于所选数据透视表的表之间的关系。因此"检测"的前提是需要创建两个及以上的数据透视表。

红太狼 ◀数据模型中的功能项有几个和Excel中一样的名字，用法也一样吗？

灰太狼：千万不要看名字一样，就以为作用也一样，有几个是很不一样的，一个个地了解一下。数据模型功能项中分为3个选项卡，先来了解一下"开始"选项卡。"开始"选项卡分为7个部分（图15-2-4）。

图15-2-4 Power Pivot for Excel功能项中的开始选项卡

第1部分："剪贴板"。这里的剪贴板和Excel中的不一样，这里剪贴板的对象只针对列。

复制：选中整列→"复制"→"粘贴"→改"表名称"→"确定"（图15-2-5）。

图15-2-5 复制操作步骤
【实例文件名：第9天-Part15.xlsx/课时15-2 1】

这里有一个和Excel很不一样的地方，就是"粘贴"的位置是一个新建的表"课时15-2 1"。不能"粘贴"在同一个表中。

追加粘贴：此功能在"课时15-2 1"之类的"粘贴"出来的表中能用，并且要粘贴的列数必须与被粘贴的列数相同。选择"课时15-2"中的"商品名称"列→"复制"→选择"课时15-2 1"→"追加粘贴"→"确定"（图15-2-6），两列在新表中合并为一列。

图15-2-6 追加粘贴操作步骤
【实例文件名：第9天-Part15.xlsx/课时15-2 1】

153

替换粘贴：和"追加粘贴"操作相同，功能不同，这里是替换之前的内容。

第2部分："获取外部数据"。此功能和Excel中的一样，有4种方法可以获取外部数据，即"从数据库""从数据服务""从其他源"以及"现有连接"。

刷新：刷新从外部数据源导入的数据。

数据透视表：包含8种呈现方式。

第3部分："格式设置"。更改列的数据类型以及选择显示列中值的方式。

第4部分："排序和筛选"。使用方法和Excel中的一样。

第5部分："查找"。在这里只能搜索元数据，即字段名称，如"城市"，还可以查找到隐藏的字段（图15-2-7）。

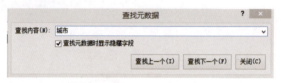

图15-2-7 "查找元数据"对话框

第6部分："计算"。基于所选列的总和创建度量值并将其显示在列下方。

第7部分："查看"。

数据视图：切换到模型的数据视图。使用此视图可执行数据驱动的任务，如创建度量值和列。

关系图视图：切换到模型的关系图视图。使用此视图可执行元数据驱动的任务，如管理关系和创建层次结构。

显示隐藏项：在模型中显示已从客户端工具中隐藏的对象。

计算区域：显示计算区域。该区域用于创建、编辑和管理模型中的度量值和关键绩效指标（KPI）。

红太狼 看文字内容很多，参考功能区再看就比较简单，有些已经学过了！

课时 15-3 创建一个Pivot数据模型并认识"设计"选项卡

红太狼 现在是不是要讲解"设计"选项卡？

灰太狼：是的，"设计"选项卡中包含5个部分（图15-3-1）。

图15-3-1 Power Pivot for Excel功能项中的"设计"选项卡

第1部分：列

宽度：调整所选列的宽度。例如，选中"季节"整列→"宽度"→设置"列宽"→"确定"，即可调整"季节"列的宽度（图15-3-2）。

冻结：将所选列向左移动并在表的其余列滚动时保持所选列可见。例如，选中"大类"整列→"冻结"，"大类"整列就会移动至表的最左边。

图15-3-2　调整列的宽度

删除：从表中永久删除所选列。在没有"添加"列的情况下，"删除"项是灰色的，只有"添加"列之后，才能使用"删除"操作。选中要删除的列→"删除"即可。

添加：添加一个新列，然后键入DAX公式以便创建一个计算列。例如，"添加"→输入"=sum"→在弹出的函数列表框中双击"SUM"→在弹出的字段名称列表框中双击"期初数量"→得出结果（图15-3-3）。

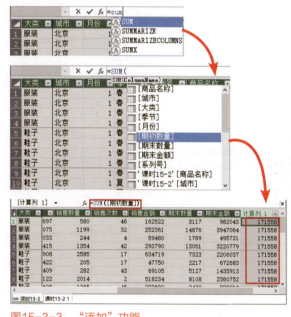

图15-3-3　"添加"功能

【实例文件名：第9天-Part15.xlsx/课时15-2】

如要重命名计算列名称，则选中整列→右键→"重命名列"→输入自定义名称即可。

第2部分：计算

计算选项：计算Power Pivot窗口中的所有表达式，或者通过在自动计算模式和手动计算模式之间进行选择，指定何时计算表达式。分为"自动计算模式"和"手动计算模式"两种，使用方法和表格中的一样。"自动计算模式"是，如果所做的更改影响某个值，将自动重新计算；"手动计算模式"是，如果所做的更改影响某个值，不会自动重新计算，可以选择指定时间进行计算。

插入函数：插入带公式的新计算列。"插入函数"中可以选择函数的类别（图15-3-4），每个函数的底下都有当前函数的使用说明。新计算列的名称可以重命名。

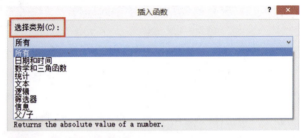

图15-3-4 "插入函数"功能

第3部分：关系

创建关系：创建Power Pivot窗口中两个表之间的关系。两表之间要创建关系，要有一个相同的字段，且其中一个字段内容不重复。图15-3-5所示的两个表不能创建关系的原因是两表之间为多对多的关系。

图15-3-5 "创建关系"对话框

管理关系：在Power Pivot窗口中创建、查看或删除各表之间的关系。如没有创建关系，则"管理关系"中没有可以编辑的关系，但可以创建新的关系（图15-3-6）。

第4部分：日历

标记为日期表：将所选表标记为日期表可以在由应用程序（如Excel）创建的报表中启用专用日期筛选功能。

日期表：基于模板新建日期表。

第5部分：编辑

图15-3-6 "管理关系"对话框

撤销：撤销上一次操作，没有上一次操作则显示为灰色。

重做：重做上一次操作，没有上一次操作则显示为灰色。

第6部分：表属性

表属性：编辑表、列和筛选器映射。对于链接表或者通过从剪贴板中粘贴数据创建的表，不能编辑表属性。

红太狼　"设计"选项卡的功能相对较少，好理解。

课时 15-4　创建一个Pivot数据模型并认识"高级"选项卡

红太狼　"高级"选项卡中的内容比较少呢！

灰太狼：是的。相对"开始"和"设计"选项卡，"高级"选项卡的内容是少一些，总共包含3部分的内容（图15-4-1）。

图15-4-1　Power Pivot for Excel功能项中的"高级"选项卡

第1部分：透视

创建和管理：创建或编辑透视以定义Power Pivot数据的视图。选择"创建和管理"→"新建透视"→选择需要的字段→"确定"即可创建透视（图15-4-2）。

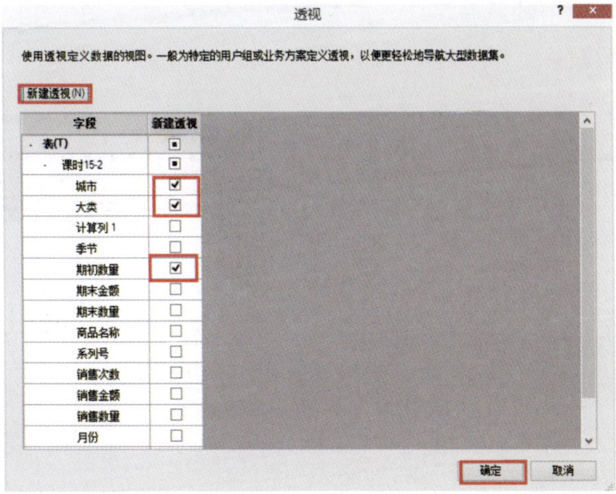

图15-4-2　创建透视

"新建透视"后，需要在选项卡的"透视"部分选择"新建透视"（图15-4-3）。

图15-4-3　选择"新建透视"选项

从效果来说，"新建透视"就是把不需要的字段隐藏起来，原始数据中的字段不受影响。

在Power Pivot中，隐藏字段还有一个方法：选中字段（如"季节"）→右键→"从客户端工具中隐藏"→"开始"→"查看"→"显示隐藏项"（图15-4-4）。

图15-4-4　显示隐藏项

对于隐藏的字段，不仅使用"显示隐藏项"可以查看，还可以使用"查找"→勾选"查找元数据时显示隐藏字段"操作来查看（图15-4-5）。

图15-4-5　查找隐藏的字段

Excel表格中，数据透视表字段列表的字段名称是数据源中的所有字段，如要隐藏部分字段只能在数据源中删除。

第2部分：报表属性

默认字段集：将表添加到报表客户端工具中的报表时，更改此表的列和度量值的默认选择内容和排序。如图15-4-6所示，"表中的字段"可以"添加"到"默认字段，按顺序"列表中，默认字段可以"删除""上移"或"下移"。

表行为：此对话框允许为表更改不同可视化类型的默认行为和客户端工具中的默认分组行为。选择作为"行标识符"的列必须是包含唯一值的列（图15-4-7）。

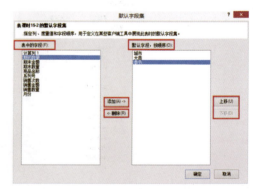

图15-4-6　"默认字段集"对话框

图15-4-7 "表行为"对话框

数据类别：数据类别的说明。

第3部分：语言

同义词：为所选表编辑同义词。

显示隐式度量值：Power Pivot通过将字段添加到Excel中字段列表的"值"区域自动生成此度量值。该字段是只读的，当删除列时将自动删除该字段。

汇总方式：默认情况下，将数字列添加到"字段列表"区域时，诸如Power Pivot的报表客户端工具为列计算应用聚合函数sum。若要更改默认计算，需从列表中选择相应的函数。"汇总方式"有8种，"默认值""总和""计数""最小值""最大值""平均值""DistinctCount"以及"不汇总"，使用方法和"开始"选项卡中的"计算"一样。

"表工具"→"链接表"选项卡中也有5个小的功能项（图15-4-8）。

全部更新：更新链接到Excel中的表的所有Power Pivot表。当Excel中的数据源有更改时，选择"全部更新"则更新所有链接到该表的Power Pivot表。

更新选定内容：更新链接到Excel中的表的当前所选Power Pivot表。

图15-4-8 "链接表"选项卡

Excel表：显示所选Power Pivot表链接到的Excel中表的名称。如果Excel表的名称已更改，则必须在此处键入相同的名称，以便保持该链接。

转到Excel表：单击即返回Excel表格。

更新模式：选择链接表的更新模式。分为"自动"和"手动"两种。

红太狼 学习基础功能项真的需要毅力，一大片的文字解说有点晕！

灰太狼：看基础知识是比较枯燥的，结合后续的实例来理解就会较容易。对于初学者也不要求一次就把所有的基础知识理解透彻，学会多少就在工作中应用多少，练习多了自然就学会了。难题咱们一个个攻克！

课时 15-5　Pivot导入"外部数据源"创建透视表

红太狼　Power Pivot中导入外部数据源创建数据透视表的方法和表格中的一样吗？

灰太狼：方法一样，使用的功能项不同。如果要导入外部Excel表格中的数据源，方法如下。

在Excel中，从"现有连接"中的"浏览更多"找到对应的工作簿。

在Power Pivot中，"从其他源"→选择Excel文件→"下一步"→"浏览"→找到工作簿→勾选"使用第一行作为列标题"→"下一步"→选择工作表→"完成"→"关闭"（图15-5-1）。

图15-5-1　在Power Pivot中导入外部数据源

在Power Pivot中，"现有连接"→"浏览更多"，在弹出的对话框中，对导入的数据源有格式要求，必须是后缀名为".odc"的文件（图15-5-2）。

图15-5-2　"打开"对话框

在Power Pivot中，导入的外部数据源会自动放在一个新建的表Sheet1中。选中数据源→"数据透视表"→"图和表水平"→选择"新工作表"→"确定"（图15-5-3）。

图15-5-3　"创建数据透视图和数据透视表"对话框

创建好的数据透视图和数据透视表会放在工作表中，可以将工作表重命名成"课时15-5"等。选中数据透视表，字段列表中显示的是工作表的名称，选中数据透视图，字段列表中显示的也是工作表的名称（图15-5-4）。先选择工作表，再选择工作表中的字段，添加到数据透视图或者数据透视表中即可。

图15-5-4　数据透视图和数据透视表的字段列表

当外部数据源中的数据有修改，或者数据源区域有变化时，按如下方法刷新数据：在Power Pivot中，选中Sheet1→"开始"→"刷新"；

在Power Pivot导入外部数据源创建的数据透视表中，选中数据透视表→"数据透视表工具"→"分析"→"刷新"；

在Power Pivot导入外部数据源创建的数据透视图中，选中数据透视图→"数据透视图工具"→"分析"→"刷新"。

选中数据透视图，调整布局：如"城市"放在"轴（类别）"；"期初数量"和"期末数量"放在"值"，删除网格线和图例，得出如图15-5-5所示的数据透视图。

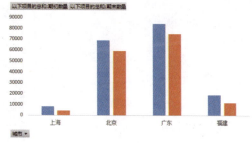

图15-5-5　创建数据透视图

【实例文件名：第9天-Part15.xlsx/课时15-5】

红太狼　了解Power Pivot的基础知识后，创建数据透视表变得很容易！

课时 15-6　Pivot导入"工作表数据源"创建透视表

红太狼：Power Pivot导入工作表数据源创建数据透视表和之前的有什么不一样吗？

灰太狼：开始的操作不一样，后面的操作步骤以及最后出的效果一样。区别如下。

第一，导入数据源的步骤不一样

Power Pivot导入外部数据源的步骤：选择Power Pivot→"数据模型"→"管理"→"开始"→"获取外部数据"→"从其他源"（图15-6-1）。

图15-6-1　Power Pivot导入外部数据源的步骤

Power Pivot导入工作表数据源的步骤：选择Power Pivot→"表格"→"添加到数据模型"→选择表的数据区域→勾选"我的表具有标题"→"确定"（图15-6-2）。

第二，导入到Power Pivot后，工作表的命名形式不一样

Power Pivot导入外部数据源时，工作表的命名是"Sheet1"，功能区中没有"表工具"选项卡。

Power Pivot导入工作表数据源时，工作表的命名是"表1"，且功能区中有"表工具"选项卡（图15-6-3）。

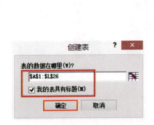

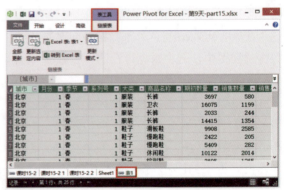

图15-6-2　Power Pivot导入工作表数据源　图15-6-3　Power Pivot导入工作表数据源后的效果

【实例文件名：第9天-Part15.xlsx/课时15-6】　【实例文件名：第9天-Part15.xlsx/课时15-6】

Power Pivot导入数据源后，创建数据透视表的方法一样。选中数据源→"开始"→"数据透视表"（图15-6-4）。"数据透视表"中有8种呈现方式可以选择，不

管选择数据透视表还是数据透视图，字段列表中显示的都是多个工作表的名称。和工作表中直接插入的数据透视表的字段列表不一样，后者是直接显示字段名称。

图15-6-4　创建数据透视表

【实例文件名：第9天-Part15.xlsx/课时15-6】

例如，选择"数据透视表"→选择"新工作表"，将"表1"中的"期末数量"放至"值"区域，将"表1"中的"大类"和"Sheet1"中的"城市"放至"行"标签，则在字段列表中会弹出"可能需要表之间的关系"提示信息（图15-6-5）。

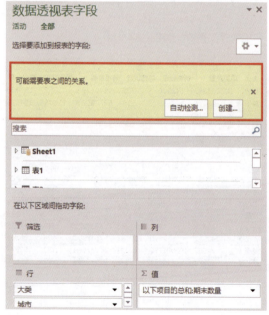

图15-6-5　提示信息

【实例文件名：第9天-Part15.xlsx/课时15-6-1】

Power Pivot创建的数据透视表，字段列表中会出现多个工作表，如未创建表与表之间的关系，则拖动字段名称时，选择的是同一个工作表；如要使用多个工作表的字段名称，则需要先创建表与表之间的关系。

红太狼 ◀ 不管是使用外部数据源还是工作表数据源，操作起来都是既相似又容易！

课时 15-7　创建表与表之间的关系

红太狼：上一节讲到要创建表与表之间的关系，这个关系要怎么创建呢？

灰太狼：方法如下。

第1步：准备数据源。两表之间要创建关系，要有一个相同的字段，且其中一个字段内容不重复。如图15-7-1和图15-7-2中，"大类"相同，且数据源2中的"大类"字段内容不重复；又如图15-7-1和图15-7-3中，"商品名称"相同，且数据源3中的"商品名称"字段不重复。

	A	B	C	D	E	F	G	H	I	J	K	L
1	城市	月份	季节	系列号	大类	商品名称	期初数量	销售数量	销售次数	销售金额	期末数量	期末金额
2	北京	1	春	1	服装	长裤	3697	100000000	46	162522	3117	982043
3	北京	1	春	1	服装	卫衣	16075	1199	32	252361	14876	3947064
4	北京	1	春	1	服装	卫衣	2033	244	4	59480	1789	495731
5	北京	1	春	1	服装	长裤	14415	1354	42	293790	13061	3220779
6	北京	1	春	1	鞋子	滑板鞋	9908	2585	17	634719	7323	2206037
7	北京	1	春	1	鞋子	慢跑鞋	2422	205	17	47750	2217	672683
8	北京	1	春	1	鞋子	慢跑鞋	5409	282	43	69105	5127	1435913
9	北京	1	春	1	鞋子	休闲鞋	10122	2014	2	518234	8108	2360752

图15-7-1　Power Pivot创建关系的数据源1

【实例文件名：第9天-Part15.xlsx/1】

	A	B	C	D	E	F	G
1	大类	期初数量	销售数量	销售次数	销售金额	期末数量	期末金额
2	服装	100003369	42526	225	848279.3	38577	10142503
3	鞋子	26078	137133	519	5977959.8	111055	32431505

图15-7-2　Power Pivot创建关系的数据源2

【实例文件名：第9天-Part15.xlsx/2】

	A	B	C	D	E	F	G
1	商品名称	期初数量	销售数量	销售次数	销售金额	期末数量	期末金额
2	滑板鞋	34558	10132	88	2345954.2	24426	7360294
3	慢跑鞋	36894	2585	212	611626	34309	10287291
4	外套	40	12	39	2826.1	28	12292
5	卫衣	18426	1592	65	305722.1	16834	4432586
6	休闲鞋	42152	2910	71	756790.2	39242	10814758
7	长裤	24060	100001765	121	539731.1	21715	5697625
8	综训鞋	23529	10451	148	2263589.4	13078	3969162

图15-7-3　Power Pivot创建关系的数据源3

【实例文件名：第9天-Part15.xlsx/3】

第2步：添加到数据模型。选中工作表1中的数据源→Power Pivot→"表格"→"添加到数据模型"→选择"我的表具有标题"→"确定"。工作表2和工作表3同理。添加到数据模型中的工作表名称分别为"表6""表7"和"表8"。

第3步：创建关系。选择"表6"→"设计"→"关系"→"创建关系"（图15-7-4）。

图15-7-4　"创建关系"功能项的位置

根据整理的数据源，为"表6"的"大类"列和"表7"的"大类"列创建关系（图15-7-5）；"表6"的"商品名称"列和"表8"的"商品名称"列创建关系。

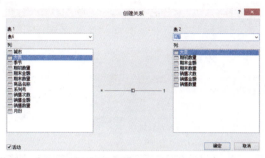

图15-7-5　"创建关系"对话框

创建关系的字段名称，右侧会有一个小图标（图15-7-6）。

图15-7-6　创建关系后的字段名称效果

同时在"管理关系"对话框中，会显示已经创建的关系，且可以对关系进行"编辑"和"删除"操作（图15-7-7）。

图15-7-7　"管理关系"对话框

创建好表与表之间的关系后，再插入数据透视表。数据透视表字段列表框中只有已经创建关系的"表6""表7"和"表8"3个表中的字段名称可以拖动到同一个数据透视表中。重命名工作表名称"课时15-7"，将"表6"中的"期初数量"和"期末数量"拖动到"值"区域，将"表6"的"城市"和"表7"的"大类"拖动到"行"区域，即可得出结果（图15-7-8）。

	B	C	D	E
3			值	
4	城市	大类	以下项目的总和:期初数量	以下项目的总和:期末数量
5	上海	鞋子	8101	4375
6	北京	服装	36220	32843
7		鞋子	32596	26237
8	广东	鞋子	83931	74650
9	福建	服装	6306	5734
10		鞋子	12505	5793
11	总计		179659	149632

图15-7-8　创建关系后插入的数据透视表

【实例文件名：第9天-Part15.xlsx/课时15-7】

红太狼　看来要创建关系，整理数据源是个关键！

课时 15-8　创建表与表之间的"关系视图"

红太狼　创建的关系如果有N个，在管理关系中修改比较麻烦，有简便方法吗？

灰太狼：创建关系后，在"开始"选项卡中选择"关系图视图"（图15-8-1），所有添加到数据模型中的内容就会显示在视图中。

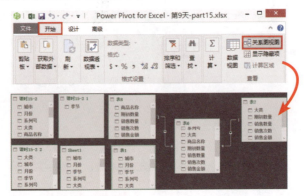

图15 8-1　关系图视图

红太狼　那么在"关系图视图"中要怎么操作呢？

灰太狼：单击连接线→连接线变绿色→按Delete键→选择"从模型中删除"（图15-8-2），即可删除连接线，且删除此关系。

选中连接线，或鼠标指针悬浮于连接线位置，创建关系的字段（此处为"商品名称"）就会出现绿色标注框（图15-8-3）。

图15-8-2　在关系图视图中删除连接线

如要在关系图视图中创建关系，直接用鼠标拖动，如将"表8"中的"商品名称"拖动到"表6"中的"商品名称"处即可（图15-8-4）。

图15-8-3　在关系图视图中选中连接线

图15-8-4　在关系图视图中创建关系

"关系图视图"中，框的大小和位置可以直接用鼠标选中拖动以改变。

选中"关系图视图"中的框→右键→"创建关系"即可建立关系。这里弹出的"创建关系"对话框和上一节的一样（图15-7-5）。

选中"关系图视图"中的框→右键→"创建层次结构"→重命名"层次结构"为

"特殊"→拖动几个字段放入"特殊"以添加级别（图15-8-5）。

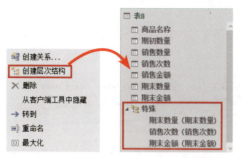

图15-8-5 在关系图视图中创建层次结构

"创建层次结构"后再创建数据透视表，可以在字段列表中看到"表8"分为两类。

一类是创建的"特殊"字段列表，包含添加进去的字段（也可以将不需要的字段加入）（参见图15-8-6），只能作为整体放入除"值"区域外的其他三大区域。

如放入"值"区域，则会弹出提示框（图15-8-7）。

一类是"更多字段"，包含原有的所有字段的名称（图15-8-8），和普通数据透视表的用法一样。

图15-8-6 层次结构在透视表字段中的显示

图15-8-7 创建的层级结构放入"值"区域时的提示框

图15-8-8 数据透视表字段列表中的"更多字段"

红太狼 在关系图视图中创建关系确实方便很多！

📽 课时 15-9 修改数据源、隐藏字段、隐藏表

红太狼 要怎么修改数据源呢？

灰太狼：如将工作表"课时15-9"中的数据源"添加到数据模型"，添加后，在工作表"课时15-9"中的数据源不再是"区域"，而是变成"表"。当鼠标指针位于数据区域

内时，功能区会有一个"表格工具"选项卡。

当数据源变成"表格"时，要增加数据源，只要在原有的数据源区域后加入内容即可。如原有的数据只到27行（图15-9-1），复制27行数据粘贴到28～30行。此时表格区域自动增加，在Power Pivot的"表4"中单击数据区域内的任意单元格就会刷新。

	城市	月份	季节	系列号	大类	商品名称	期初数量	销售数量	销售次数	销售金额	期末数量	期末金额
23	广东	1	春	1	鞋子	慢跑鞋	12068	1456	5	335811	10612	3360088
24	广东	1	春	1	鞋子	慢跑鞋	15011	46	42	9855	14965	4383895
25	广东	1	春	1	鞋子	休闲鞋	31125	257	21	59025	30868	8369592
26	广东	1	春	1	鞋子	徐训鞋	8101	3726	43	782250	4375	1287565
27	上海	1	春	1	鞋子	徐训鞋	8101	3726	43	782250	4375	1287565

图15-9-1　将数据添加到数据模型后的数据源

【实例文件名：第9天-Part15.xlsx/课时15-9】

当数据源变成"表格"时，要删除数据源，只要在原有的数据区域内删除内容，然后在Power Pivot的"表4"中单击数据区域内的任意单元格就会刷新；或者选择"开始"选项卡中的"刷新"。

红太狼 那隐藏字段或者表要如何操作呢？

灰太狼：隐藏字段时选中字段名称→右键→"从客户端工具中隐藏"（图15-9-2）即可。

如要查看隐藏项，则选择"开始"选项卡中的"显示隐藏项"。字段隐藏后创建数据透视表，则在数据透视表字段列表框中将找不到这个隐藏的字段。

隐藏表时，选择要隐藏的工作表→右键→选择"从客户端工具中隐藏"（图15-9-3）。

被隐藏的表在数据透视表字段列表中不会显示。

隐藏的字段和表如果要取消隐藏，则先从"开始"→"显示隐藏项"中调出被隐藏的字段和表，被隐藏的字段和表会用灰色显示；选中要取消隐藏的字段或表→右键→"从客户端工具中取消隐藏"（图15-9-4）即可。

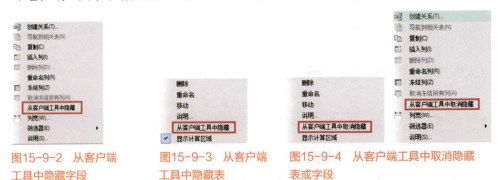

图15-9-2　从客户端工具中隐藏字段　　图15-9-3　从客户端工具中隐藏表　　图15-9-4　从客户端工具中取消隐藏表或字段

红太狼 稍微讲解一下就知道怎么操作了，基础的功能项总是这么容易学！

课时 15-10　初识DAX函数及处理Pivot "数据源初始化失败" 问题

红太狼 ◀什么是DAX函数?

灰太狼: DAX(数据分析表达式)是一个由函数、运算符和常量组成的库,可在Power Pivot for Excel中组合这些库元素以生成公式和表达式。

DAX公式和在Excel表中键入的公式非常相似,但是两者之间也有一些区别:

在Microsoft Excel中,可以引用单个的单元格或列;在Power Pivot中,只能引用完整的数据表或数据列。如果要使用列的一部分,或者列中的唯一值,可以使用能够筛选列或返回唯一值的DAX函数以实现类似的目的。

DAX公式与Microsoft Excel支持的数据类型并非完全相同。DAX提供的数据类型比Excel多,在导入数据时DAX会对某些数据执行隐式类型转换。

对于DAX函数,在这里不要求深入了解,需要的话可以去网上搜索相关资料学习。

红太狼 ◀Power Pivot数据源初始化失败是怎么回事呢?

灰太狼: 主要有3方面的原因。

第1,版本不同。目前Power Pivot适用高版本的Excel,如果在2016版中使用Power Pivot创建数据透视表,发给使用2010版本的用户,有可能因为版本之间的差异导致数据源初始化失败。

建议:使用者和制作者使用同一版本的Excel。

第2,超出最大内存或文件的大小。之前讲到过Power Pivot的容量是2GB,当超过这个容量时,就有可能出现初始化失败。

建议:删除多余的不必要的内容以减小内存使用率。

第3,删除之前已创建的不需要的表单。当将多个数据源添加到数据模型后,创建关系时发现不需要的表单太多而删除了有关联的表单时,就会导致数据源初始化失败。

建议:新建一个工作簿,整理需要的数据源,重新添加到数据模型后再创建关系。

总的来说,基本功学扎实了,后面出问题的时候要找原因就方便多了。

红太狼 ◀是的,很多时候跟着步骤做都没问题,自己要做的时候就问题多多!

灰太狼: 碰到问题了再回头跟着步骤做,出现问题肯定是因为中间某些步骤出错了。

灰太狼：你怎样，你的世界便怎样！

第一，Power Pivot 的基础知识。
① 开始选项卡；
② 设计选项卡；
③ 高级选项卡。

第二，Power Pivot 基础用法。
① Pivot 导入"外部数据源"创建透视表；
② Pivot 导入"工作表数据源"创建透视表；
③ 创建表与表之间的关联；
④ 创建表与表之间的"关系视图"。

第三，Power Pivot 的其他知识点。
① 修改数据源，修改添加到数据模型前的数据源再刷新即可；
② 隐藏字段和隐藏表需要结合"显示隐藏项"功能；
③ DAX 函数了解即可，不要求深入了解；
④ Pivot 数据源初始化失败一般情况下是版本的原因。
对于新手而言，Power Pivot 是数据透视表中最难的一个知识点，需要多花些
时间学习！

第10天
The Ten Day

今天讲解本书的另一个重点内容"数据透视图"，对于没有学过图表的读者，学完今天的内容后，建议从一些简单的数据透视图入手。

Part 16　深入认识透视图

灰太狼Part 16提示：**认识数据透视图的结构及使用方法！**

课时 16-1　插入透视图的3种方法

红太狼　数据透视图和图表是不是很像？

灰太狼：是的，先来看一个效果图（图16-1-1），这样一个图看起来和普通的图表没什么两样，但是它是数据透视图。

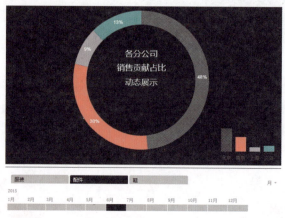

图16-1-1　数据透视图的效果图

【实例文件名：第10天-Part16.xlsx/课时16-12】

红太狼　既然两者类似，怎么在功能区"插入"选项卡里没有数据透视图的按钮呢？

灰太狼：数据透视图的插入方式和普通的图表有点区别，它有3种插入方式。

第1种：使用快捷键Alt+D+P插入数据透视图。按快捷键Alt+D+P调出"数据透视表和数据透视图向导"→选择"数据透视图（及数据透视表）"→"下一步"→选定数据源区域→"下一步"→"否"→选择"显示位置"→"完成"即可（图16-1-2）。

第2种：添加数据透视图按钮到快速访问工具栏后，插入数据透视图。"文件"→"选项"→"快速访问工具栏"→选择"不在功能区中的命令"→找到"数据透视图"→"添加"→"确定"（图16-1-3）。

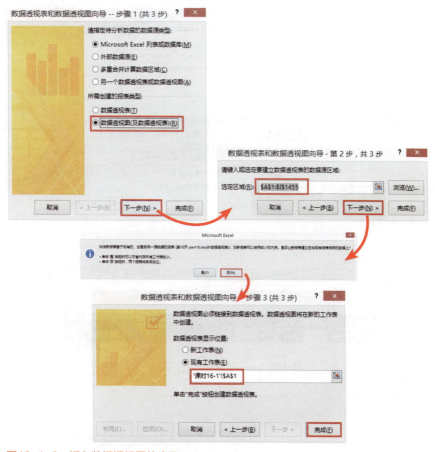

图16-1-2　插入数据透视图的步骤
【实例文件名：第10天-Part16.xlsx/课时16-1】

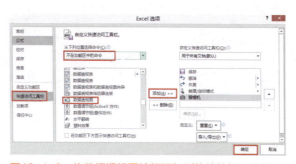

图16-1-3　将数据透视图按钮添加到快速访问工具栏
【实例文件名：第10天-Part16.xlsx/课时16-1】

添加后，单击快速访问工具栏中的"数据透视图"按钮→选择一个区域→选择放置
数据透视图的位置→"确定"（16-1-4）即可插入数据透视图。

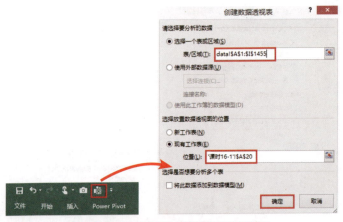

图16-1-4　快速访问工具栏中插入数据透视图的步骤
【实例文件名：第10天-Part16.xlsx/课时16-1】

第3种：先插入数据透视表后插入图表。根据数据源先插入数据透视表→选中透视表区域任意单元格→"插入"→选择一种图表（图16-1-5）。

图16-1-5　插入数据透视表后插入图表的步骤
【实例文件名：第10天-Part16.xlsx/课时16-1】

创建好的数据透视图中会显示"若要生成数据透视图，请从数据透视表字段列表中选择字段"的提示信息（图16-1-6）。

图16-1-6　插入数据透视表后插入图表的效果
【实例文件名：第10天-Part16.xlsx/课时16-1】

按提示选择字段添加到数据透视表，数据透视图中也会跟着有相应的改变（图16-1-7）。

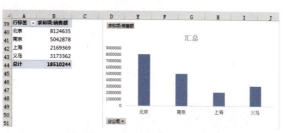

图16-1-7　数据透视表中添加字段后的效果

【实例文件名：第10天-Part16.xlsx/课时16-1】

红太狼 3种方法我掌握任意一种就可以了，操作都很简单！

课时 16-2　透视图与透视表的关联

红太狼 数据透视表和数据透视图有什么关系吗？

灰太狼：根据当前数据透视表创建的数据透视图，会跟着数据透视表布局的变化而变化，且数据透视表的四大区域和数据透视图的四大区域——对应（图16-2-1）。

图16-2-1　数据透视表和数据透视图的字段列表框

【实例文件名：第10天-Part16.xlsx/课时16-2】

数据透视表中的"筛选"区域对应数据透视图中的"筛选"区域；

数据透视表中的"行"区域对应数据透视图中的"轴（类别）"区域；

数据透视表中的"列"区域对应数据透视图中的"图例（系列）"区域；

数据透视表中的"值"区域对应数据透视图中的"值"区域。

例如，调整数据透视表的布局，将"分公司"放至"行"区域，将"大类"放至

"列"区域,将"购买件数"放至"值"区域后,数据透视表布局也相应调整(图16-2-2)。

图16-2-2　调整数据透视表布局
【实例文件名:第10天-Part16.xlsx/课时16-2】

对应的数据透视图字段列表也自动更新了布局,同时图表区域也自动更新了布局(图16-2-3)。

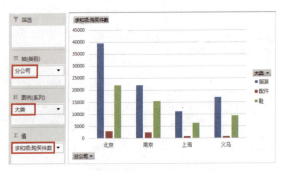

图16-2-3　数据透视图的布局也自动更新
【实例文件名:第10天-Part16.xlsx/课时16-2】

如将"大类"放至"行"区域,则数据透视图会有如图16-2-4所示的变化。

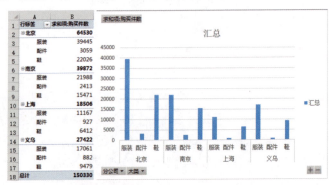

图16-2-4　调整数据透视表布局后数据透视图随即变化
【实例文件名:第10天-Part16.xlsx/课时16-2】

红太狼 〈图表中要让轴标签显示二级标题操作起来可是很麻烦呢，数据透视图真好用！

▨ 课时 16-3　数据透视图工具使用

红太狼 〈数据透视图工具中的好多功能和数据透视表工具中的一样呢。

灰太狼：是的。数据透视图工具"分析"选项卡中的功能，如果在数据透视表工具"分析"选项卡中能找到，功能就是一样的（图16-3-1）。

图16-3-1　数据透视图和数据透视表工具中的"分析"选项卡
【实例文件名：第10天-Part16.xlsx/课时16-3】

　　数据透视图工具"设计"选项卡和数据透视表工具"设计"选项卡有几个不一样的功能（图16-3-2），逐个罗列出来讲解一下。

图16-3-2　数据透视图和数据透视表工具中的"设计"选项卡
【实例文件名：第10天-Part16.xlsx/课时16-3】

　　第1个：添加图表元素。其中有11种图表元素可以添加，每种元素具体的使用方法后续再讲解。图表元素还可以通过图表区域右侧的"+"列表添加，这个"+"功能只有2013版及以上的Excel才有。选中图表区域的时候才会出现"+"（图16-3-3）。

　　第2个：快速布局。有11种布局可以选择（图16-3-4），一般较少用到。

　　第3个：选择数据源。和在图表区域右键→"选择数据"打开的是一样的对话框（图16-

图16-3-3　添加图表元素
【实例文件名：第10天-Part16.xlsx/课时16-3】

3-5）。在数据透视图中，如要重新选择数据源，也可以在数据透视表中调整布局以达到同样的效果，这是比普通图表方便的一个地方。

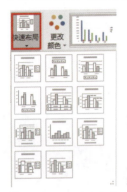

图16-3-4　快速布局
【实例文件名：第10天-Part16.xlsx/课时16-3】

图16-3-5　选择数据源对话框
【实例文件名：第10天-Part16.xlsx/课时16-3】

第4个：更改图表类型。在图表区域右键→"更改图表类型"，也能调出一样的功能项。

数据透视图工具比数据透视表工具多了一个"格式"选项卡（图16-3-6）。

图16-3-6　数据透视图工具中的"格式"选项卡
【实例文件名：第10天-Part16.xlsx/课时16-3】

"格式"选项卡中画图用到得最多的一个功能是"设置所选内容格式"。选中一个图表的内容后即可调整所选内容的格式。

红太狼　新功能没几个，理解起来也较容易！

课时 16-4　透视图6大区域元素认识1

红太狼　数据透视图的元素和普通图表的元素应该是一样的吧？

灰太狼：大部分一样，当然也存在只有数据透视图才有的元素。

第1个：图表区。选中图表，将鼠标指针移至图表边缘，会弹出"图表区"3个字（图16-4-1），在图表区可以修改图表的背景颜色。

当选中图表，出现两个边框时（图16-4-2），表示选中的是绘图区而不是图表区。

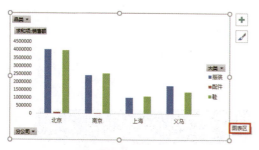

图16-4-1　选中图表区
【实例文件名：第10天-Part16.xlsx/课时16-4】

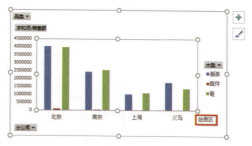

图16-4-2　选中绘图区
【实例文件名：第10天-Part16.xlsx/课时16-4】

第2个：图表标题。当没有图表标题时，可以从图表右侧的"+"列表中调出（图16-4-3），或者通过"数据透视图工具"→"设计"→"添加图表元素"调出。一个清晰明了的图表标题是一个图表用意的首要条件，图表标题的内容可以修改。

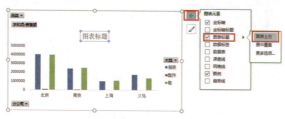

图16-4-3　添加图表标题
【实例文件名：第10天-Part16.xlsx/课时16-4】

第3个：图例。图例是用来分辨图表系列的小图标。可以在图表右侧的"+"列表中修改图例的位置（图16-4-4），也可以直接用鼠标拖动来调整。数据透视图中的图例带有筛选功能，普通图表的图例中不具有此功能。

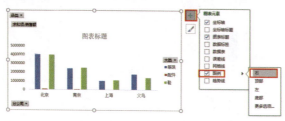

图16-4-4　调整图例位置
【实例文件名：第10天-Part16.xlsx/课时16-4】

第4个：字段按钮。字段按钮是数据透视图自带的，可以筛选的功能键。

按钮包括："报表筛选按钮""值字段按钮""图例字段按钮"和"坐标轴字段按钮"。

对于不需要的字段按钮，可以令其隐藏：选中不需要的字段按钮→右键→"隐藏图表上的字段按钮"。如全部字段按钮都不需要，则选择"隐藏图表上的所有字段按钮"（图16-4-5）。

如要取消隐藏字段按钮，方法是：选中图表→数据透视图工具→"分析"→"显示"→"字段按钮"→取消勾选"全部隐藏"即可（图16-4-6）。

图16-4-5　字段按钮右键中的功能
【实例文件名：第10天-Part16.xlsx/课时16-4】

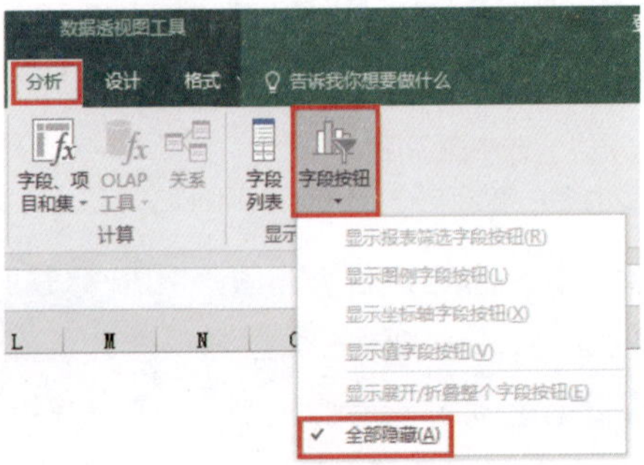

图16-4-6　取消全部隐藏字段按钮
【实例文件名：第10天-Part16.xlsx/课时16-4】

红太狼　这4个元素都挺简单的，大部分都和图表一样！

课时 16-5　透视图6大区域元素认识2

红太狼　还剩下两个元素没有讲解呢。

灰太狼：是的，继续讲解剩下的两个。

第5个：绘图区。选中图表，出现两个边框时，中间的区域是绘图区（图16-5-1）。

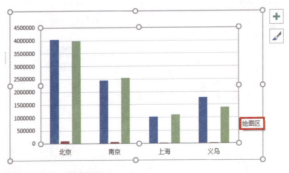

图16-5-1　绘图区
【实例文件名：第10天-Part16.xlsx/课时16-5】

绘图区中主要包含网格线和系列。如果要添加网格线，选中图表，在图表右侧的"+"列表中勾选需要的网格线类型即可（图16-5-2）。

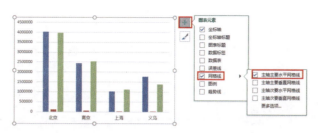

图16-5-2　网格线

【实例文件名：第10天–Part16.xlsx/课时16-5】

可以给绘图区中的系列添加数据标签：选中要添加数据标签的系列→右键→"添加数据标签"；或者选中添加数据标签的系列→"＋"→勾选"数据标签"→选择标签位置（如"数据标签外"）（图16-5-3）。

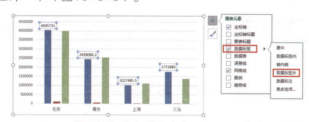

图16-5-3　为系列添加数据标签

【实例文件名：第10天–Part16.xlsx/课时16-5】

第6个：坐标轴。分为水平（类别）轴和垂直（值）轴，可设置坐标轴格式。

双击以设置垂直（值）轴（图16-5-4）：

① 设置坐标轴的边界值，即最大值和最小值；

② 设置刻度线的类型（内部、外部、交叉）；

③ 设置标签位置（轴旁、高、低、无）；

④ 设置数据类别。

双击以设置水平（类别）轴（图16-5-5）：

① 设置坐标轴类型（根据数据自动选择、文本坐标轴、日期坐标轴）；

② 设置坐标轴交叉（自动、分类编号、最大分类）；

③ 设置坐标轴位置（在刻度线上、刻度线之间）；

④ 设置刻度线的主要类型（无、内部、外部、交叉）；

⑤ 设置标签位置（轴旁、高、低、无）；

⑥ 设置数据类别。

根据目标格式调整对应位置的设置即可。

红太狼　◀坐标轴的设置要再仔细看看，内容有点多！

图16-5-4　设置垂直（值）轴
【实例文件名：第10天-Part16.xlsx/课时16-5】

图16-5-5　设置水平（类别）轴
【实例文件名：第10天-Part16.xlsx/课时16-5】

课时 16-6　透视图与插入图表的区别

红太狼 数据透视图和普通插入的图表到底有多少区别呢？

灰太狼： 讲解区别之前，先创建一个数据透视图并插入一个图表（图16-6-1）。由于是默认的数据透视图布局，很显然第1个是数据透视图，第2个是普通的图表。

第1个区别：数据透视图比普通图表多一个字段按钮。

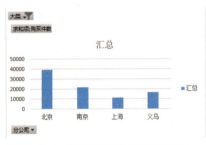

图16-6-1　数据透视图和插入的图表
【实例文件名：第10天-Part16.xlsx/课时16-6】

第2个区别：在数据透视图中可以筛选，类似动态图表。插入的图表要达到这个效果需要公式结合"开发工具"→"插入控件"才能实现，属于制作图表的高级技巧。但是在数据透视图中，这个筛选功能是自带的。

第3个区别：插入的图表可以编辑数据源。当要修改数据源区域时，插入的图表只要选中图表→右键→"选择数据"（图16-6-2）即可更改数据源。但是在数据透视表中，

"选择数据源"对话框中的"添加""编辑"和"删除"功能都是不能使用的。

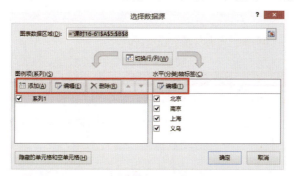

图16-6-2　在插入的图表中可修改数据源
【实例文件名：第10天-Part16.xlsx/课时16-6】

第4个区别：数据透视图可根据数据源的变化自动调整系列，插入的图表只能自动调整指定数据源区域的值，数据源区域增大或者减少并不能自动调整。

例如在数据透视表中筛选"北京"分公司，数据透视图的系列会自动调整，而插入图表的系列还得留4个值时的位置，有值的显示值，没有值的显示空白，还把总计也纳入图表显示（图16-6-3）。

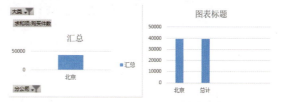

图16-6-3　数据源区域变化时两种图表的区别
【实例文件名：第10天-Part16.xlsx/课时16-6】

第5个区别：插入的图表可以制作复杂的图表，类似多个数据源组合的图表，数据透视图则不行，它只认准数据透视表的数据源。

例如增加一个辅助列，插入的图表可以在修改数据源后加入图表（图16-6-4），但是数据透视图是不能在图表中更改数据源的（图16-6-5），除非将辅助列加入数据透视表。

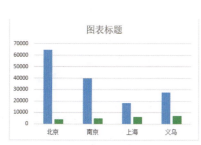

图16-6-4　在插入的图表中加入辅助列　　图16-6-5　在数据透视图中修改数据源
【实例文件名：第10天-Part16.xlsx/课时16-6】【实例文件名：第10天-Part16.xlsx/课时16-6】

红太狼　看来能用数据透视图达到效果的就用数据透视图，不能的再考虑插入图表！

课时 16-7　刷新透视图数据源

红太狼　数据透视图的数据源不是不能修改吗？那还刷新做呢？

灰太狼：这里需要弄明白一点，这里我们所说的不能修改数据源是指选中数据透视图→右键→"选择数据"里的数据源是不能修改的；而选中数据透视图→"数据透视图工具"→"分析"→"数据"→"更改数据源"（图16-7-1）这里的数据源是可以修改的。

图16-7-1　数据透视图工具栏

【实例文件名：第10天-Part16.xlsx/课时16-7】

在理解这个知识点的基础上，如果要刷新数据透视图有以下两个方法。

第1个方法：选中数据透视图→"数据透视图工具"→"分析"→"数据"→"刷新"（或"全部刷新"）。

第2个方法：只要刷新数据透视图对应的数据透视表，数据透视图也会跟着刷新。

同样，修改数据源也有两个方法。

第1个方法：选中数据透视图→"数据透视图工具"→"分析"→"数据"→"更改数据源"→重新选择数据源区域。

第2个方法：重新修改数据透视图对应的数据透视表的数据源即可。刷新数据透视表的方法在这里就不重复讲解了。

红太狼　学习的知识点都是有关联的，前面学到的知识在后面总会用到！

课时 16-8　处理多余的图表元素

红太狼　图表中多余的元素直接删掉不就可以了？

灰太狼：如果是当前元素一点都不想留下可以直接删除，但是对于只是想删除某些部分的元素，就需要慢慢设置。通过一个实例来讲解一下如何处理多余的图表元素。

第1步：根据已经整理好的数据透视表，插入一个数据透视图。选中数据透视表→插入→“图表”→“圆环图”，即可得到一个原始的圆环图（图16-8-1）。

	A	B
2	求和项:购买件数	
3	分公司	汇总
4	北京	64530
5	南京	39870
6	上海	18506
7	义乌	27422
8	总计	150328

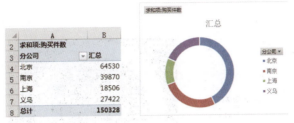

图16-8-1　插入圆环图
【实例文件名：第10天-Part16.xlsx/课时16-8】

第2步：设置图表区的背景色为“黑色”；修改图表标题为“各分公司销售贡献占比动态展示”；放大绘图区，将图表标题放入圆环图中心（图16-8-2）。

第3步：字段按钮全部隐藏。选中数据透视图→“数据透视图工具”→“分析”→“显示/隐藏”→“字段按钮”→“全部隐藏”（图16-8-3）。

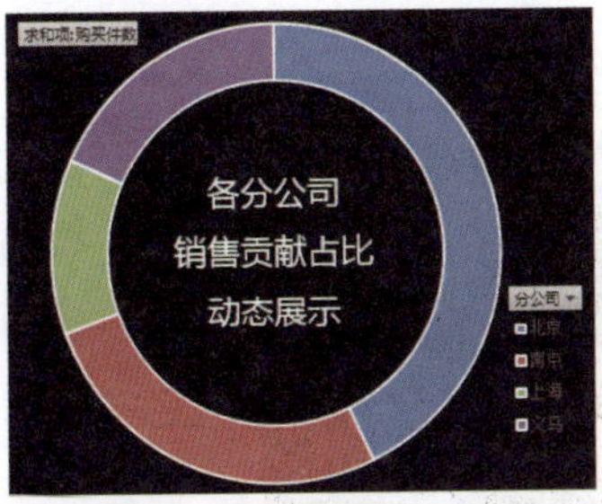

图16-8-2　修改背景色、图表标题和绘图区
【实例文件名：第10天-Part16.xlsx/课时16-8】

图16-8-3　隐藏全部字段按钮
【实例文件名：第10天-Part16.xlsx/课时16-8】

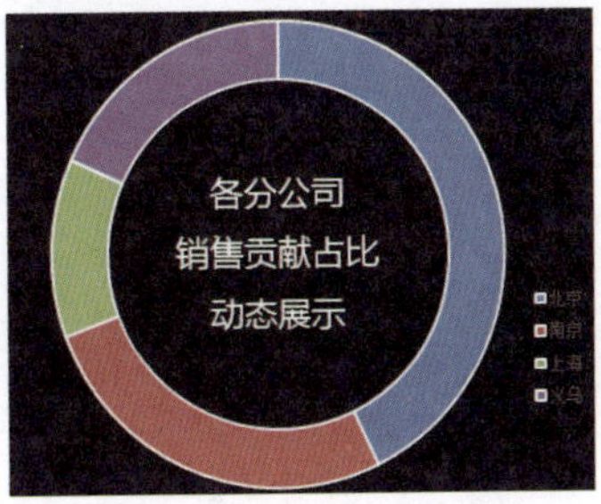

第4步：设置数据点格式。双击圆环图的扇形→右键→“设置数据点格式”→“填充”→“纯色填充”→选择颜色（图16-8-4）。3个扇形区都如此设置。

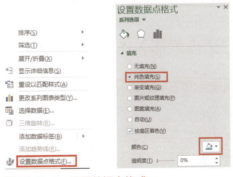

图16-8-4　设置数据点格式
【实例文件名：第10天-Part16.xlsx/课时16-8】

最后一个扇形区选择"图案填充"→选择图案→选择"前景"即可达到需要的效果（图16-8-5）。

图16-8-5　设置数据点格式
【实例文件名：第10天-Part16.xlsx/课时16-8】

第5步：添加数据标签。选中圆环图→"添加数据标签"→选中数据标签→设置字体颜色"白色"→右键→"设置数据标签格式"→勾选"百分比"即可达到需要的效果（图16-8-6）。

图16-8-6　设置数据标签后最终的效果图
【实例文件名：第10天-Part16.xlsx/课时16-8】

红太狼　处理多余的图表元素，右键菜单中的设置项帮了大忙！

课时 16-9　在透视表插入迷你图

红太狼　数据透视表中要怎么插入迷你图呢？

灰太狼：还是举例说明。

第1步：创建一个数据透视表（图16-9-1）。

	A	B	C	D	E	F	G	H	I	J	K
1	求和项:购买件数	日历天									
2	大类	2015/1/1	2015/2/2	2015/3/3	2015/4/4	2015/5/10	2015/6/5	2015/7/6	2015/8/8	2015/9/7	2015/10/9
3	服装	23433	16732	12934	5357	6311	4340	4283	4407	4826	7038
4	配件	1427	1101	1086	564	540	617	343	608	453	453
5	鞋	14318	9974	8458	2880	4270	2304	2291	2559	2432	3900
6	总计	39178	27807	22478	8801	11123	7184	7191	7309	7866	11391

图16-9-1　迷你图的数据源
【实例文件名：第10天-Part16.xlsx/课时16-9】

第2步：选中数据透视表区域B3:K3→"插入"→"迷你图"→"折线图"→选择"位置范围"→确定（图16-9-2）即可完成迷你图的插入。

图16-9-2　插入迷你图中的折线图
【实例文件名：第10天-Part16.xlsx/课时16-9】

选中迷你图，菜单栏中会显示一个"迷你图工具"项（图16-9-3）。"迷你图工具"中包含5部分："迷你图""类型""显示""样式"和"分组"。当鼠标指针悬浮在每个功能项上，都会有一段文字对这个功能项提供解释。

图16-9-3　迷你图工具栏
【实例文件名：第10天-Part16.xlsx/课时16-9】

其中有一个功能项需要特别讲一下，就是"清除"。凡是插入的迷你图，用Delete键都删除不了。如要删除迷你图，选中迷你图→"迷你图工具"→"分组"→"清除"。"清除"有两个选项，"清除所选的迷你图"和"清除所选的迷你图组"。

放置迷你图的单元格，就算有内容，迷你图还是会显示。因此要将迷你图放置在数据透视表区域内，还不重叠内容，就需要一些小技巧。

修改数据透视表的数据源。选中数据透视表→"数据透视表工具"→"分析"→"更改数据源"→多选择一行数据源→刷新数据透视表（图16-9-4）

求和项:购买件数	日历天										
大类	（空白）	2015/1/1	2015/2/2	2015/3/3	2015/4/4	2015/5/10	2015/6/5	2015/7/6	2015/8/8	2015/9/7	2015/10/9
服装		23433	16732	12934	5357	6311	4340	4283	4407	4826	7038
配件		1427	1101	1086	564	542	540	617	343	608	453
鞋		14318	9974	8458	2880	4270	2304	2291	2559	2432	3900
（空白）											
总计		39178	27807	22478	8801	11123	7184	7191	7309	7866	11391

图16-9-4　数据透视表区域内加入空白部分以便放置迷你图
【实例文件名：第10天-Part16.xlsx/课时16-9】

选中对应的数据源插入迷你图，即可得到所需效果（图16-9-5）。

图16-9-5　将迷你图放入数据透视表区域

【实例文件名：第10天-Part16.xlsx/课时16-9】

红太狼　小小的图表稍加排版，既方便又美观！

课时 16-10　使用切片器关联透视图（1层关联）

红太狼　数据透视图和切片器的关联是否要通过数据透视表进行呢？

灰太狼：是的，之前已经讲到过数据透视表和切片器的关联以及数据透视表和数据透视图的关联，数据透视图和切片器也能关联。

第1步：插入一个数据透视图（图16-10-1）。

图16-10-1　插入一个数据透视图

【实例文件名：第10天-Part16.xlsx/课时16-10】

第2步：插入切片器。选中数据透视表→"数据透视表工具"→"分析"→"筛选"→"插入切片器"→勾选"大类"→"确定"即可（图16-10-2）。

图16-10-2　插入一个切片器

【实例文件名：第10天-Part16.xlsx/课时16-10】

第3步：测试关联。在数据透视表的筛选中加入字段"大类"，则当切片器中筛选"服装"时，B1单元格也显示"服装"；数据透视图的报表筛选按钮中也出现筛选的标记，这时单击这个按钮就会发现也筛选了"服装"（图16-10-3）。

图16-10-3 测试数据透视图和切片器的关联
【实例文件名：第10天-Part16.xlsx/课时16-10】

当有关联时，选择切片器→右键→"报表连接"，就可以看到当前切片器连接的是"数据透视表1"（图16-10-4），这是数据透视表默认的名称，可以自定义修改。

图16-10-4 数据透视表连接
【实例文件名：第10天-Part16.xlsx/课时16-10】

红太狼 这个关联挺简单，把数据透视图和切片器都关联到同一个数据透视表就可以了！

课时 16-11 使用切片器关联透视图（2层关联）

红太狼 这里所说的"2层关联"是什么意思呢？

灰太狼：简单说就是一个切片器关联两个数据透视图，当用切片器筛选时，有两个数据透视图的数据会跟着变化。

红太狼 那要怎么操作才能关联到两个数据透视图呢？

灰太狼：这里就需要用到之前学过的一个知识点"共享缓存"。

第1步：复制上一节的数据透视表。

第2步：根据复制的数据透视表插入一个数据透视图（图16-11-1）。

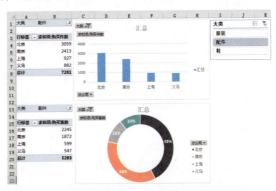

图16-11-1 复制数据透视表后创建数据透视图
【实例文件名：第10天-Part16.xlsx/课时16-11】

第3步：查看切片器的报表连接。选中"大类"切片器→右键→"报表连接"，当前切片器连接工作表"课时16-11"中的"数据透视表1"和"数据透视表2"（图16-11-2）。

直接复制的数据透视表是基于现有的、创建自同一数据源的报表，即共享缓存。所以在本例中直接复制的数据透视表就会自动关联到同一个切片器中。

图16-11-2　查看切片器的报表连接

【实例文件名：第10天-Part16.xlsx/课时16-11】

学会2层关联后，同理，也可以制作数据透视图和切片器的3层关联（图16-11-3），甚至多层关联。当多个整理汇总在一起，效果就相当于报表系统中的钻取功能。

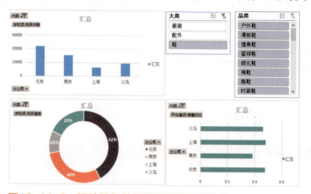

图16-11-3　切片器和数据透视图的3层关联

【实例文件名：第10天-Part16.xlsx/课时16-11】

红太狼　这样制作数据透视图的效果确实不错，看起来美观用起来方便！

课时 16-12　制作一个漂亮的透视动态图

红太狼　透视动态图就是上一节中的切片器结合数据透视图吗？

灰太狼：是的，这一节在前面的基础上再加以美化。

第1步：画一个数据透视图，图表类型选择圆环图（图16-12-1）。这个图的画法这里就不重新讲解了，课时16-8中有详细讲解。

第2步：修改图例，使用柱形图替代图例。

① 复制一个圆环图，删除图表标题和图例（图16-12-2）。

② 修改图表类型为柱形图。选中圆环图→右键→"更改系列图表类型"→选择"柱形图"→"确定"（图16-12-3）。

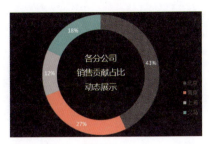

图16-12-1　圆环图
【实例文件名：第10天-Part16.xlsx/课时16-8】

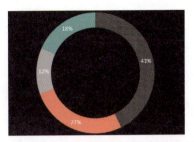

图16-12-2　复制圆环图后删除图表标题和图例
【实例文件名：第10天-Part16.xlsx/课时16-12】

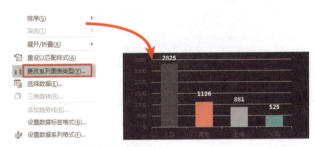

图16-12-3　修改图表类型
【实例文件名：第10天-Part16.xlsx/课时16-12】

③ 美化柱形图。删除网格线，删除垂直
（值）轴的标签，删除系列数据标签；设置水
平（类别）轴，刻度线类型选择"无"，线条
选择"无线条"；设置图表区为无填充色，
无轮廓，调整大小放至圆环图右下角（图16-
12-4）。

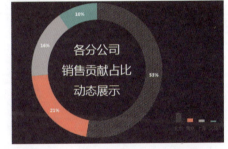

图16-12-4　用美化的柱形图替代图例
【实例文件名：第10天-Part16.xlsx/课时16-12】

第3步：插入切片器并调整布局。

① 插入切片器。选中数据透视表→"数
据透视表工具"→"分析"→"筛选"→"插
入切片器"→选择"大类"→"确定"（图16-12-5）。

图16-12-5　插入切片器
【实例文件名：第10天-Part16.xlsx/课时16-12】

② 调整切片器布局。选中切片器→"切片器工具"→"选项"→"按钮"→"列"
选择3。选中切片器→右键→"切片器设置"→取消勾选"显示页眉"（图16-12-6）。

191

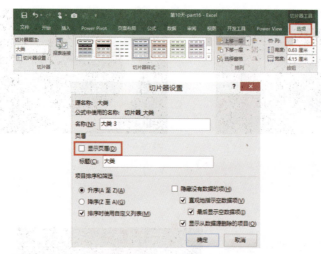

图16-12-6　切片器的设置
【实例文件名：第10天-Part16.xlsx/课时16-12】

③ 修改切片器样式。选择已有的切片器样式，或选择已有的样式进行编辑修改。自
定义切片器样式这里就不重复讲解，参考课时

11-10即可。这里直接选择已经编辑好的自定
义样式（图16-12-7）。

图16-12-7　修改切片器样式
【实例文件名：第10天-Part16.xlsx/课时16-12】

第4步：插入日程表。

① 插入日程表。选中数据透视表→"数据透视表工具"→"分析"→"筛
选"→"插入日程表"→选择"日历天"→"确定"（图16-12-8）。

图16-12-8　插入日程表
【实例文件名：第10天-Part16.xlsx/课时16-12】

② 调整日程表布局。选中日程表→"日程表工具"→"显示"→取消勾选"标题"
和"选择标签"（图16-12-9）。

图16-12-9　调整日程表布局
【实例文件名：第10天-Part16.xlsx/课时16-12】

③ 自定义日程表样式。选中日程表→"日程表工具"→"日程表样式"→选择一个自定义样式（图16-12-10）。

图16-12-10　重置日程表样式
【实例文件名：第10天-Part16.xlsx/课时16-12】

第5步：调整日程表和切片器的前后位置。选中切片器→右键→"剪切"→"粘贴"，重新粘贴后的切片器在挪动位置时就可以发现它显示在日程表上面（图16-12-11）。

图16-12-11　重新布局的切片器和日程表
【实例文件名：第10天-Part16.xlsx/课时16-12】

最终排版好的效果图（图16-12-12）。

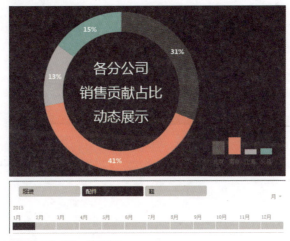

图16-12-12　效果图
【实例文件名：第10天-Part16.xlsx/课时16-12】

红太狼　结合了之前学过的知识，重新排版美化效果确实不错！

灰太狼: 强大, 并非是能做什么, 更是看能承担什么!

第一, 数据透视图的基础知识。

① 插入数据透视图的3种方法;

② 数据透视图工具的使用;

③ 数据透视图的6大元素。

第二, 数据透视图基础用法。

① 数据透视图与数据透视表的关联;

② 数据透视图与插入图表的区别;

③ 刷新数据透视图的数据源;

④ 处理多余的图表元素。

第三, 数据透视图的高级用法。

① 在数据透视表中插入迷你图;

② 数据透视图与切片器的1层关联;

③ 数据透视图与切片器的2层关联;

④ 组合使用学过的知识制作一个动态数据透视图。

对于新手而言, 数据透视图是个不错的工具, 大部分图表都可以用数据透视图解决!

第11天
The Eleven Day

今天学习的难点是思路，理清要表达的思路后，效果呈现就相对容易一些。本书效果图中的图表只要求会套用，作图方法在这里不详细讲解。

Part 17　一页纸Dashboard报告呈现

灰太狼Part 17提示：**成品制作思路及效果展示！**

课时 17-1　Dashboard 报告布局——瀑布流

红太狼　《什么是瀑布流？

灰太狼：瀑布流，又称瀑布流式布局。是比较流行的一种网站页面布局，视觉表现为参差不齐的多栏布局，随着页面滚动条向下滚动，这种布局还会不断加载数据块并附加至当前尾部，效果非常好。

　　瀑布流对于图片的呈现，是高效而具有吸引力的，用户一眼扫过的快速阅读模式可以在短时间内获得更多的信息量，主要特性是错落有致，定宽而不定高的设计让页面区别于传统的矩阵式图片布局模式，巧妙地利用视觉层级，视线的任意流动又缓解了视觉疲劳。

　　举几个例子体会一下瀑布流布局的优势（图17-1-1）。

图17-1-1　瀑布流布局实例赏析

　　套用在实际工作中的瀑布流效果图（图17-1-2）。

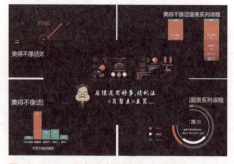

图17-1-2　瀑布流布局实际应用实例

红太狼　实际应用中需要放置的内容有多有少，如何才能排得好看一些？

灰太狼：布局的模板我已经整理了一份，从百度搜集汇总了12类模板（图17-1-3），根据实际需求的模块数和内容选择套用即可。

红太狼　那么开头效果图（图1-1-1）的布局是采用的7个模块的布局？

灰太狼：是的，去掉效果图的数据后，布局就很清晰了（图17-1-4）。主要模块是7个，右侧的5个模块中的图表数据随着左侧的2个筛选模块而变动。

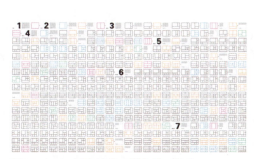 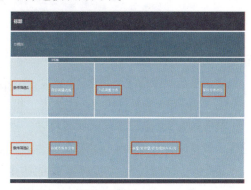

图17-1-3　瀑布流布局模板的一部分　　　　图17-1-4　效果图布局

【实例文件名：第11天-Part17-布局模式.pdf】　　【实例文件名：第11天-Part17.xlsx/课时17-1】

红太狼　原来这就是瀑布流，看起来非常赏心悦目！

课时 17-2　Dashboard 数据分析呈现

红太狼　这么多课时学下来，数据整理汇总已经很熟练啦，分析呈现还是不会。

灰太狼：分析呈现只要掌握步骤，理清思路，也不难。

　　第1步：认识数据源的结构。要分析呈现数据，在整理好数据源的同时也要认识数据源的结构（图17-2-1），如A:G部分都可以作为筛选项或者关联项，H:I部分可以进行数据对比等等。

	A	B	C	D	E	F	G	H	I
1	销售年份	销售月份	公司	商品年度	商品季度	大类	小类	直营销售数量	直营销售实际金额
2	14年	01月	1.E尚公司	2011	春	服装	单衣类	32	2078.8
3	14年	01月	1.E尚公司	2011	春	服装	夹克	146	8403.7
4	14年	01月	1.E尚公司	2011	春	服装	单衣类	253	12440.4
5	14年	01月	1.E尚公司	2011	春	服装	外套类	6	290.1
6	14年	01月	1.E尚公司	2011	春	服装	棉服类	240	10097.4
7	14年	01月	1.E尚公司	2011	春	服装	外套类	14	923.8
8	14年	01月	1.E尚公司	2011	春	配件	帽	10	175
9	14年	01月	1.E尚公司	2011	春	配件	袜	20	238.6
10	14年	01月	1.E尚公司	2011	冬	服装	单衣类	34	952
11	14年	01月	1.E尚公司	2011	冬	服装	夹克	76	5426.2
12	14年	01月	1.E尚公司	2011	冬	服装	棉服类	690	67601

图17-2-1　一部分数据源

【实例文件名：第11天-Part17.xlsx/data】

第2步：对数据源进行组合，构建适合呈现的数据形式。组合数据最关键的是理清思路，本实例分"指标达成情况""品类贡献情况"和"销/存/折情况"（图17-2-2）三部分，各部分分别包含以下纬度。

① "指标达成情况"包含3个纬度，"各城市量""各城市量"的另一种表现形式和"各月份量"；

数据分析呈现

数据源构建		
指标达成情况	纬度：各城市量	
	纬度：各城市量	主观分析
	纬度：各月份量	
品类贡献情况	纬度：年份库存	
	纬度：月份销售	
	纬度：品类串联	
销/存/折情况	纬度：相互关联	

图17-2-2　组合数据源
【实例文件名：第11天-Part17.xlsx/data】

② "品类贡献情况"包含3个纬度，"年份库存""月份销售"和"品类串联"；

③ "销/存/折情况"包含一个纬度"相互关联"。

这里的7个纬度理解起来比较费劲，对应到效果图中就很好理解了（图17-2-3）。这里的数据整合步骤如果运用到汇报中去就是你的汇报思路，清晰明了。

第3步：呈现。这个步骤最关键的是对图表的熟练运用。这里不讲解图表的制作过程（如何制作图表，请参考http://study.163.com/course/courseMain.htm?courseId=1460020），只讲解图表的套用。图表中最关键的是配色，本实例中的配色直接套用即可。图表制作的网址中也有不少美观的配色方案，如果想要别的配色效果，就需要平时慢慢积累。

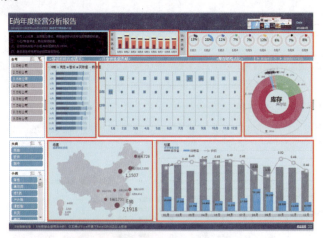

图17-2-3　组合数据的7个纬度
【实例文件名：第11天-Part17.xlsx/展示总表】

红太狼　步骤掌握啦，要熟练运用，还是需要多练习才行！

课时 17-3 画个Dashboard框架

红太狼：布局模式选择了，思路也整理好了，如何开始画框架呢？

灰太狼：用表格画框架方法有很多，可以直接用单元格，也可以单元格、图形和文本框等的组合。以第2种方法为例来讲解一下。

第1步：导航条（图17-3-1）。其背景颜色直接给单元格填充颜色即可。左侧的文字和右侧的文字都直接选择后在单元格中编辑，右侧的图片选择合适的图片放上去即可，可以给图片加入超链接。

图17-3-1 框架中的导航条

【实例文件名：第11天-Part17.xlsx/课时17-3】

第2步：重点标注栏（图17-3-2）。左侧的重点标注性文字采用文本框编辑，"1"和"2"部分直接填充颜色，"营运达成"和"销售贡献"也是采用文本框形式编辑，并对这部分单元格区域起一个隔断的作用。

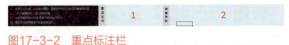

图17-3-2 重点标注栏

【实例文件名：第11天-Part17.xlsx/课时17-3】

第3步：图表标题栏（图17-3-3）。背景颜色采用插入形状的方法，并对矩形设置填充色；图表对应的标题名称采用插入文本框的方法，输入对应的标题名称即可。

图17-3-3 图表标题栏

【实例文件名：第11天-Part17.xlsx/课时17-3】

第4步：绘图区域（图17-3-4）。3～7部分区域采用插入矩形形状的方法，并对矩形设置填充色；中间的黑色线条起到一个隔断的作用，是直接插入的线条，设置线条宽度和颜色即可。

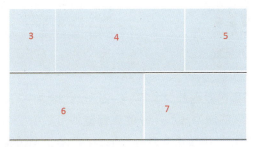

图17-3-4 绘图区域

【实例文件名：第11天-Part17.xlsx/课时17-3】

第5步：筛选区域（图17-3-5）。"条件1"和"条件2"区域也是采用插入矩形形状的方法，之后设置形状轮廓颜色即可。

第6步：底部说明区域（图17-3-6）。背景颜色直接给单元格设置颜色即可；说明文字选择后直接在单元格中编辑，并根据需求加入超链接。

图17-3-5　筛选区域

【实例文件名：第11天-Part17.xlsx/课时17-3】

图17-3-6　底部说明区域

【实例文件名：第11天-Part17.xlsx/课时17-3】

相对整理思路和选择布局模式而言，画框架是比较简单的，重点在于搭配好颜色、规划好区域就可以了。

红太狼 ▸ 听讲解是很容易，自己动手画的时候可没这么简单，我得多练习才行！

课时 17-4　套用"子弹图"目标冲刺达成

红太狼 ▸ 基础框架画好了，那么透视表如何结合图表来运行呢？

灰太狼：通过效果图中的"营运达成"（图17-4-1）来说明一下如何将透视表与图表结合起来。讲解的时候就不介绍图表如何制作了，只讲解如何套用。

第1步：数据源（图17-4-2）。这份作图用的数据源中的"公司"和"实际值"是从透视表中引用过来的，因此，第1步就是插入数据透视表。透视表的数据源是工作表data中的数据。

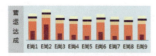

图17-4-1　营运达成效果图

【实例文件名：第11天-Part17.xlsx/课时17-4】

	A	B	C	D	E	F
1	公司	冲刺	满意	警戒	目标值	实际值
2	E阎1	12759570	10759570	8759570	10759570	4415312
3	E阎2	14574883	12574883	10574883	12574883	7319813
4	E阎3	11928881	9928881	7928881	9928881	3086210
5	E阎4	11577296	9577296	7577296	9577296	2523674
6	E阎5	11281388	9281388	7281388	9281388	2050221
7	E阎6	12363009	10363009	8363009	10363009	3780814
8	E阎7	11208749	9208749	7208749	9208749	1933998
9	E阎8	11185701	9185701	7185701	9185701	1897122
10	E阎9	11693310	9693310	7693310	9693310	2709296

图17-4-2　数据源

【实例文件名：第11天-Part17.xlsx/课时17-4】

第2步：整理好作图用的数据源。图17-4-2所示数据源中的B:E列数据是根据F列的"实际值"虚拟的，实际工作中放入实际的目标值即可。A列和F列的数据引用得是图17-4-3所示透视表的数据。引用透视表的数据很简单，直接在A2中输入公式"=H3"（由于数据源中公司的名称太长，这里手工修改了名称以方便放入图表），F2中输入公

式 "=I3*1.6" 即可。这里的 "*1.6" 没有实际意义，只是为了图表的效果更加明显一点。

第3步：作图用的数据源整理好后，复制一个图表到 "课时17-4" 的工作表中。

第4步：修改图表的数据源。选中图表→右键→ "选择数据" →勾选要修改的系列名称（如 "冲刺"）→ "编辑"（图17-4-4）。如要修改 "系列名称"，则单击 "系列名称" 下方的选择框，修改 "系列值" 则单击 "系列值" 下方的选择框。重新选择数据区域是为了调整数据区域的变大（或变小）对图表显示造成的不准确性。

	H	I
1	求和项:直营销售数量	
2	公司	汇总
3	1.E尚公司	2759570
4	2.E尚公司	4574883
5	3.E尚公司	1928881
6	4.E尚公司	1577296
7	5.E尚公司	1281388
8	6.E尚公司	2363009
9	7.E尚公司	1208749
10	8.E尚公司	1185701
11	9.E尚公司	1693310
12	总计	18572787

图17-4-3　透视表整理的数据
【实例文件名：第11天-Part17.xlsx/课时17-4】

图17-4-4　修改数据源步骤
【实例文件名：第11天-Part17.xlsx/课时17-4】

"图表项（系列）" 有修改的话，对应的 "水平（分类）轴标签" 也要修改数据区域。

第5步：把修改好的图表（图17-4-5）放到 "课时17-1" 工作表的1号位置。由于画好的图表包含的图表元素比较多，而1号位置比较小，因此要删除一些不必要的图表元素，如 "图例" 和 "垂直（值）轴" 标签，删除 "垂直（值）轴主要网格线"。设置 "绘图区" 的填充为 "无填充"，设置 "图表区" 的填充为 "无填充"，边框为 "无线条"，然后调整一下图表的大小放进1号位置即可。图17-4-1所示为调整好图表并放进1号位置的效果图。

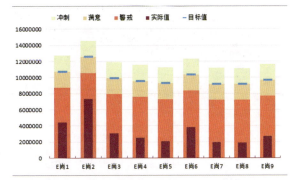

图17-4-5　修改好的图表
【实例文件名：第11天-Part17.xlsx/课时17-4】

红太狼　◀ 这样套用图表真的很方便，而且透视表的数据也可以随时刷新！

201

课时 17-5　套用"圆环图"呈现销售贡献

红太狼：套用"圆环图"的方法是否和套用"子弹图"的方法一样？

灰太狼：套用图表的方法大致都是一样的，主要就是对图表数据源的重新修改，剩下的就是图表的美化和排版。

第1步：整理数据源。把工作表data的数据源插入透视表，在B列透视表区域右键→"值显示方式"→"列汇总的百分比"，设置B3:B11的小数点位数为0（图17-5-1），并在C列加入辅助列，在C3输入公式"=1-B3"。

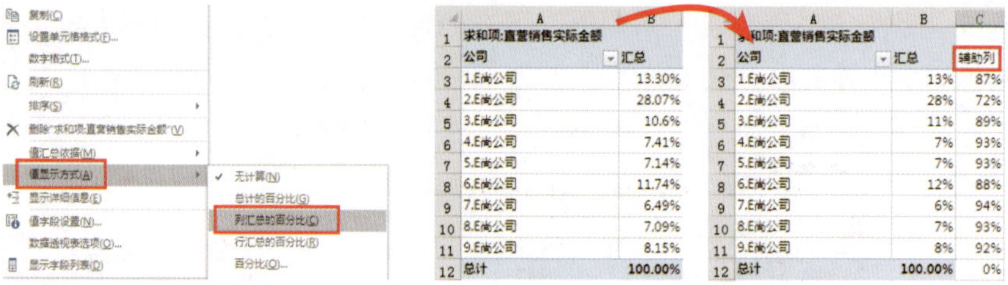

图17-5-1　整理数据源
【实例文件名：第11天-Part17.xlsx/课时17-5】

第2步：复制一个圆环图至工作表"课时17-5"。

第3步：修改系列值。在图表区域右键→"选择数据"→选中要修改的系列→"编辑"→重新选择"系列值"（图17-5-2）即可。

图17-5-2　修改系列值
【实例文件名：第11天-Part17.xlsx/课时17-5】

第4步：添加数据标签。选中圆环图的环形区域→右键→"添加数据标签"，删除辅助列的数据标签，把13%移至环形图中间，并设置格式（图17-5-3）。如出现"引导线"则直接按Delete键删除即可。

第5步：复制9个圆环图，并修改成透视表

图17-5-3　添加数据标签
【实例文件名：第11天-Part17.xlsx/课时17-5】

中对应的数据源。

第6步：排列圆环图。按住Ctrl键单击选中9个圆环图→"绘图工具"→"格式"→"对齐"→"顶端对齐"→"横向分布"（图17-5-4）。

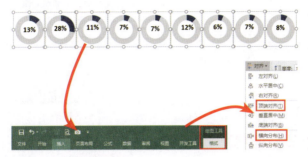

图17-5-4　排列圆环图

【实例文件名：第11天-Part17.xlsx/课时17-5】

第7步：修改各个系列的颜色。双击要修改颜色的数据条→"设置数据点格式"→"填充"→"纯色填充"→选择颜色即可（图17-5-5）。

第8步：组合圆环图并放至"课时17-1"的2号位置（图17-5-6）。

图17-5-5　设置数据点格式

图17-5-6　圆环图的最终效果图

红太狼　果然和预料中的一样简单！

课时 17-6　套用"子弹图"呈现月度冲刺达成

红太狼　这里的"子弹图"和"课时17-4"的不是一样的吗？

灰太狼：可以说是一样的也可以说是不一样的。如果是一样的那就是要把"课时17-4"的图顺时针旋转90°；如果是不一样的那就是"课时17-4"中采用的是"柱形图"，而这里采用的是"条形图"。

需要注意的是，图表是不能够"旋转"的。如果要旋转图表，那就得用之前学到的"照相机"功能。具体步骤如下。

第1步：和课时17-4一样画好图表。

第2步：旋转水平（类别）轴标签。双击水平（类别）轴标签→"大小与属性"→"对齐方式"→"文字方向"→"所有文字旋转270°"（图17-6-1）。

第3步：调整图表的大小，放置"课时17-1"工作表，使用"照相机"分别对"绘图区"和"图例"进行拍照。将"绘图区"的照片顺时针旋转90°，放至"3"部分；"图例"的照片直接放上去，设置照片格式"无线条"即可。

红太狼〉原来条形图还可以这么画，太神奇了！

图17-6-1 旋转水平（类别）轴标签
【实例文件名：第11天-Part17.xlsx/课时17-6】

课时 17-7　"汽泡图""多层饼图""地图""组合柱图"

红太狼〉这一节讲这么多图，是不是所有图的构建原理都一样？

灰太狼：是的，经过前面3个图的讲解，对于套用图表我相信你已经很熟练了。这一节就总结一下套用图表的几个注意事项。

第一，要套用图表，必须先有一个现成的图表。这里用到的图表都来自于http://study.163.com/course/courseMain.htm？courseId=1460020。

第二，要懂得构建合适的图表数据源。每一种图表对于数据源的要求是不同的，"气泡图""多层饼图""地图"和"组合柱图"对于数据源的要求都有差别。套用图表只需将对应的数据源换成当前所需要的数据即可。结合透视表，可以让修改数据源变得更方便。

第三，构建好数据源还需要懂得如何替换数据源。在图表区域右键→"选择数据"→勾选要编辑的系列名称→"编辑"（图17-7-1），然后重新选择数据源即可。

图17-7-1 修改数据源步骤
【实例文件名：第11天-Part17.xlsx/课时17-7】

第四，修改了"系列名称"，对应地也要修改"水平（分类）轴标签"。

红太狼： 明白了，我去修改剩下的几个图表的数据源！

课时 17-8 动态关联及切片器组合使用分析关联

红太狼： 图表都画好放进模板里了（图17-8-1），怎么把切片器和图表对应起来呢？

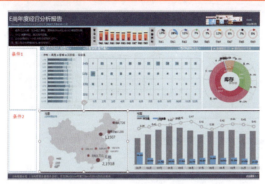

图17-8-1 图表画好后的效果图

【实例文件名：第11天-Part17.xlsx/课时17-1】

灰太狼： 要做好这个动态关联，前提是要学好Part 11的切片器和Part 17的图表。当在 "展示总表"切片器里筛选不同公司的时候，"营运目标达成情况""月度销售量贡献""库存结构占比"和"月份销售呈现"4个图是有变化的。当筛选大类和小类的时候，"品类销售呈现"和"月份销售呈现"两个图有变化。

红太狼： 知道哪个切片器对应哪个图了，那怎么关联呢？

灰太狼： 方法如下。

第1步，选中"课时17-6"的透视表中任意单元格→"数据透视表工具"→"分析"→"插入切片器"（图17-8-2），勾选"公司"→"确定"（图17-8-3），插入切片器即可。

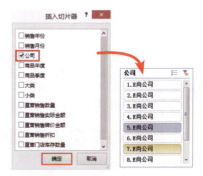

图17-8-2 插入切片器

【实例文件名：第11天-Part17.xlsx/课时17-6】

图17-8-3 选择筛选项

【实例文件名：第11天-Part17.xlsx/课时17-6】

第2步，在切片器上右键→"报表连接"→勾选"课时17-6"→"确定"（图17-8-4）。完成这一系列操作后，第1个透视表"营运目标达成情况"就和"公司"切片器关联好了。

图17-8-4 切片器关联第1个透视表

【实例文件名：第11天-Part17.xlsx/课时17-6】

第3步，关联其他几个透视表。继续在切片器上单击右键→"报表连接"→勾选"5.库存结构""7.月份主图"和"课时17-7"→"确定"（图17-8-5）。到这步，切片器和图表已经关联完成，此时筛选"公司"的时候，关联的4个图会跟着一起变动。

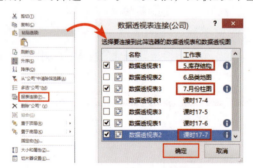

图17-8-5 切片器关联剩余3个透视表

【实例文件名：第11天-Part17.xlsx/课时17-6】

第4步，把关联好的透视表复制到"课时17-1"的"条件1"的位置处，并调节大小。

剩下的两个切片器的关联方法和上面一样，选择"数据透视表连接"的时候注意不要选错即可。

布局切片器的时候类别从大到小排列，方便筛选。

红太狼 原来这么简单，看着效果以为会很难呢！

灰太狼：别让明天的你，讨厌今天的自己！

第一，Dashboard 基础知识。
① 认识报告的布局；
② 分析呈现的方式。

第二，效果图中的内容。
① 选择一个框架；
② 套用"子弹图"；
③ 套用"圆环图"；
④ 套用"气泡图"；
⑤ 套用"多层符图"；
⑥ 套用"地图"；
⑦ 套用"组合柱图"。

第三，效果图中的动态关联。
动态关联切片器的组合使用。
对于新手而言，单个的图表套用不难，难的是如何整理一份属于自己的数据分析呈现！

第12天
The Twelve Day

图表制作完成之后，千万不要忘记最后的保存以及打印设置。如果全部画完了但是没保存好，那就真后悔莫及了。

Part 18　数据透视表的保存和发布

灰太狼Part 18提示：**如何保存透视表！**

📊 课时 18-1　透视表默认选项中的保存设置

红太狼 ◀ 保存不就是在快速访问工具栏里的保存小图标上直接单击就可以了？

灰太狼：这是其中一种方法，还有另外两种方法。

第1种：按快捷键Ctrl+S。

第2种：使用"文件"→"保存"操作（图18-1-1）。

关于保存，在"文件"→"选项"→"保存"（图18-1-2）中有需要注意的事项。

图18-1-1　保存的步骤　　　图18-1-2　选项中的保存设置

第1个：保存自动恢复信息时间间隔。可以设置自动保存的时间间隔，如不需要自动保存，也可以取消此复选框的勾选。

第2个：自动恢复文件位置。当电脑死机或者强制关闭运行程序后重新启动工作簿时，在工作簿左侧会出现自动修复的文件，这些文件的保存路径你可以自己修改。

第3个：默认本地文件位置。这个位置可以使用默认的，也可以自己修改。

第4个：服务器草稿位置。这个位置也可以自己修改。

第5个：保留工作簿的外观。这里使用的是2016版，工作簿在早期版本的Excel中可以查看到的颜色默认为黑色，也可以自行修改。

红太狼 ▸ 原来修复的文件是这么找到的，学会了！

课时 18-2　文件另存为启用宏的工作簿

红太狼 ▸ 什么样的情况下要另存为启用宏的工作簿？

灰太狼：当你的工作簿中有写入的代码的时候，要另存为启用宏的工作簿。如果不启用，保存的时候会弹出提示框（图18-2-1），单击"是"则工作簿中的代码会被自动删除，相当于没写代码。

选择单击"否"则会自动跳转至"另存为"对话框（图18-2-2），在工作簿类型中选择"Excel启用宏的工作簿"即可。

图18-2-1　编写代码后直接保存时弹出的提示框　　图18-2-2　"另存为"对话框

红太狼 ▸ 要调出"另存为"对话框只有这一种方法吗？

灰太狼：上面的只是其中一种，"另存为"的方法总结如下。

第1种：直接"保存"选择"否"后自动跳转至"另存为"对话框。

第2种：单击"文件"（图18-2-3）→"另存为"（图18-2-2）。

第3种：按快捷键F12→"保存类型"选择"Excel启用宏的工作簿"（图18-2-4）。

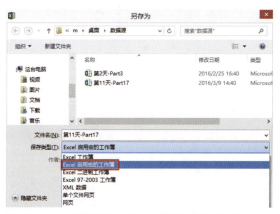

图18-2-3　单击"文件"　　图18-2-4　按快捷键F12打开"另存为"对话框

第4种: "文件" → "选项" → "保存" → "Excel启用宏的工作簿" (图18-2-5)。

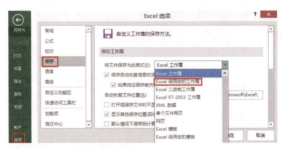

图18-2-5　选项中的另存为设置

第5种: "文件" → "导出" → "更改文件类型" → "启用宏的工作簿" (图18-2-6)。

图18-2-6　由文件导出中打开"另存为"对话框

红太狼 `这么多方法,还是按F12键最方便。那怎么区分哪个是启用了宏的工作簿呢?`

灰太狼: 图标不一样 (图18-2-7),启用宏的工作簿和普通工作簿的图标在右下角是有区别的。

图18-2-7　启用宏的工作簿和普通工作簿在图标上的区别

也可以通过属性来查看。右键单击工作簿名称→ "属性" → "文件类型",在 "属性" 对话框中会有标记 (图18-2-8)。

图18-2-8　启用宏的工作簿和普通工作簿在属性中的区别

红太狼 `原来在这里看,明白了!`

课时 18-3　文件另存为PDF格式

红太狼：另存为"PDF"格式和另存为"启用宏的工作簿"方法应该是一样的吧？

灰太狼：对于调出"另存为"对话框的方法来说是一样的，只需要在"保存类型"中选成"PDF"就可以了。

红太狼：那另存为"PDF"有什么注意事项吗？

灰太狼：注意事项肯定是有的。另存为"启用宏的工作簿"不会彻底改变工作簿布局，但是另存为"PDF"则对原有工作表的显示区域有一定的限制。因此，另存为"PDF"需要先调整好工作表的显示区域，使其适合另存为"PDF"的区域大小。这里讲解两个方法。

第1个：设置打印区域。"文件"→"打印"→"横向"（默认为纵向）→"A3"（默认为A4）（图18-3-1）。纸张方向和纸张大小是根据实际的需求来调整的；在打印预览区域的右下角选择"显示边距"方式，可通过调整边距使页面更大一些。

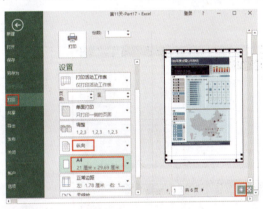

图18-3-1　设置打印区域

【实例文件名：第11天-Part17.xlsx/展示总表】

第2个：在工作表的最下面，单击"分页预览"，页面中间就会出现蓝色的虚线框（图18-3-2），一个虚线框代表一页。

图18-3-2　分页预览

【实例文件名：第11天-Part17.xlsx/展示总表】

选中效果图区域（如A1:R50）→"页面布局"→"打印区域"→"设置打印区域"（图18-3-3）。

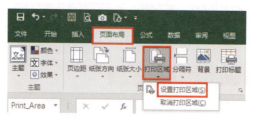

图18-3-3 设置打印区域
【实例文件名：第11天-Part17.xlsx/展示总表】

我们的目的是使效果图在被另存为"PDF"的时候在一页上显示，只需要将选中的左边的纵向虚线直接拖动到右边的纵向虚线位置（图18-3-4），效果图就能够直接在一页内显示。为了使显示更美观一些，可以打印预览一下，调整一下打印纸张的方向和大小。

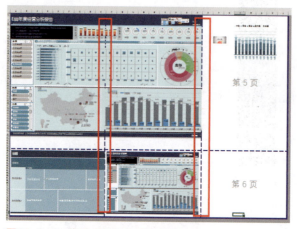

图18-3-4 拖动虚线将两页调整成一页
【实例文件名：第11天-Part17.xlsx/展示总表】

简单地说，就是在工作表另存为"PDF"之前，先对工作表进行打印预览设置和页面布局设置，使"PDF"文件更适合查看。

红太狼：调整格式是最麻烦的，既要美观还要合理！

灰太狼：调整格式虽然比较麻烦，但是我们这个表一旦设计好之后可以只更改数据源，而不用每次改格式，所以也不麻烦。

Part 19　数据透视表打印技术

灰太狼Part 19提示：**注意打印前的排版工作！**

课时 19-1　页面布局深入认识

红太狼 ◁ **"页面布局"** 不就是上一节里提到的设置打印区域？

灰太狼：这只是其中一部分。"页面布局"总共包含7个部分，如图19-1-1所示。

图19-1-1　页面布局的7个部分
【实例文件名：第12天-Part19.xlsx/课时19-1】

第1个：页边距。用于设置整个文档或当前部分的边距大小。可以从几种常用边距格式中选择或者自定义自己的边距格式（图19-1-2）。

第2个：纸张方向。为页面提供纵向或横向版式。

第3个：纸张大小。为文档选择所用的纸张大小，常用A3纸和A4纸。

第4个：打印区域。选择工作表上要打印的区域（图19-1-3），可以选择要打印的区域，也可以取消。

图19-1-2　设置页边距
【实例文件名：第12天-Part19.xlsx/课时19-1】

图19-1-3　设置打印区域
【实例文件名：第12天-Part19.xlsx/课时19-1】

第5个：分隔符。在打印副本的新页开始位置添加分页符。分页符可以添加也可以删除，但是这个功能不常用到。

第6个：背景。可以为工作表添加一些个性设置，这个功能也比较少用。

第7个：打印标题。选择要在每个打印页内重复出现的行和列。图19-1-4所示对话框中，

图19-1-4　设置打印标题
【实例文件名：第12天-Part19.xlsx/课时19-1】

设置了顶端标题行和左端标题列，设置后每个打印页都会重复出现这个标题行和标题列。

红太狼 ◁ 又是一些枯燥的知识，我得学会它！

课时 19-2　页眉和页脚的使用

红太狼 ◁ 你设置了页眉页脚，但是我没看到显示在哪里？

灰太狼：设置了页眉和页脚后，在打印预览的时候能看到，另存为的PDF文件中也会显示，还有就是打印出来的纸质文档上可以看到，但活动的工作表上是看不到的。

红太狼 ◁ 那怎么设置页眉和页脚呢？

灰太狼：上一节设置打印标题（图19-1-4）的时候，左边就有一个"页眉/页脚"选项卡，可以设置页眉和页脚；还可以在"文件"→"打印"→"页面设置"（图19-2-1）中调出"页眉/页脚"选项卡。

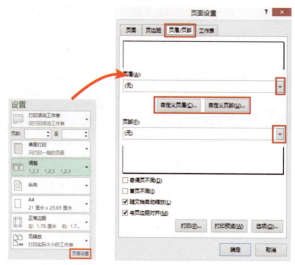

图19-2-1　调出"页面设置"对话框

【实例文件名：第12天-Part19.xlsx/课时19-2】

调出后，可以在右侧的下拉选项框中选择已有的模板，或者选择"自定义页眉""自定义页脚"重新设定"页眉/页脚"（图19-2-2）的格式。

若要设置文本格式，先选定文本，然后选择"设置文本格式"按钮；

若要加入页码、日期、时间、文件路径、文件名或标签名，将插入点移至编辑框内，然后选择相应的按钮；

若要插入图片，按"插入图片"按钮；

若要设置图片格式，将光标放到编辑框中，然后按"设置图片格式"按钮。

重新设置好之后"确认"。可以单击"打印预览"来看一下设置的效果（图19-2-1）。

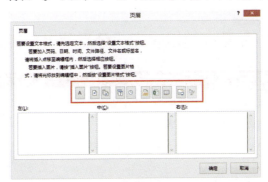

图19-2-2　自定义页眉页脚

【实例文件名：第12天-Part19.xlsx/课时19-2】

红太狼　之前一直不明白日期是怎么添加的，原来直接选择按钮就可以！

课时 19-3　"在每一打印页上重复行标签"的应用

红太狼　重复"行标签"不是设置"打印标题"就可以了吗？

灰太狼：那是对于整个活动工作表，透视表有一个功能是只对透视表有效的。在透视表区域右键→"数据透视表选项"→"打印"→勾选"在每一打印页上重复行标签"和"设置打印标题"→"确定"（图19-3-1），然后按快捷键Ctrl+P（打印预览）直接查看设置后的效果。

图19-3-1　在透视表中设置重复打印行标签

【实例文件名：第12天-Part19.xlsx/课时19-3】

红太狼 〈 两个一样，都挺方便使用的！

课时 19-4　为数据透视表每一分类项目分页打印

红太狼 〈 分页打印的话直接使用右下角的"分页预览"，再拖动蓝色虚线不就搞定了？

灰太狼：这是其中一种方法，但是会比较费时间，还有一种简便的方法。

以图19-4-1所示透视表数据源为例，按照"大类"来分页打印透视表的方法是：选中A2单元格，右键→"字段设置"→"布局和打印"→勾选"每项后面插入分页符"→"确定"（图19-4-2）。

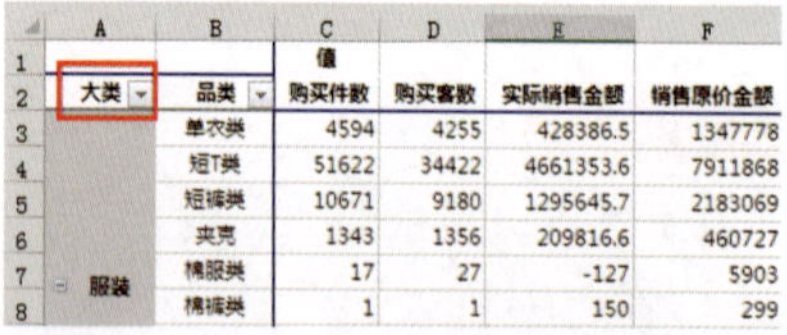

	A	B	C	D	E	F
1			值			
2	大类	品类	购买件数	购买套数	实际销售金额	销售原价金额
3		单衣类	4594	4255	428386.5	1347778
4		短T类	51622	34422	4661353.6	7911868
5		短裤类	10671	9180	1295645.7	2183069
6		夹克	1343	1356	209816.6	460727
7	服装	褙服类	17	27	-127	5903
8		精褙类	1	1	150	299

图19-4-1　透视表数据源的一部分

【实例文件名：第12天-Part19.xlsx/课时19-4】

图19-4-2　字段设置中的分页打印

【实例文件名：第12天-Part19.xlsx/课时19-4】

红太狼 〈 这个简单，和"显示报表筛选页"一样好用！

灰太狼：如果你永不畏惧，梦想就在眼前！

第一，数据透视表的保存。

① 如有写入的代码，另存为启用宏的工作簿；

② 如不想别人修改，另存为PDF格式。

第二，数据透视表的打印技术。

① 认识页面布局；

② 学会使用页眉；

③ 学会使用页脚；

④ 在每一打印页上重复行标签；

⑤ 将数据透视表每一分类项目设置为分页打印。

对于新手而言，要从第一天学到这里，那绝对需要百分百的毅力！